U0617032

新世纪计算机类本科规划教材

高级程序设计技术
(C 语言版)

耿国华　刘晓宁　朱晓冬　编著

西安电子科技大学出版社

2009

内 容 简 介

本书共分 7 章，包括 3 部分内容：程序设计基础(第 1 章)、C 语言的高级处理技术(第 2 章数据类型、第 3 章指针高级应用、第 4 章文件操作、第 5 章图形界面与动画设计、第 6 章键盘与鼠标操作)及典型算法(第 7 章)。每章附有大量例程和综合实例，便于读者学习、实践、提高。

本书集作者多年教学实践经验编写而成，内容丰富，技术实用。书中所有程序都在 TC 2.0 环境下调试通过。

本书可用作高等学校计算机及相关专业 C 语言程序设计和程序设计技术课程的教材，也可供从事计算机应用开发的工程技术人员参考使用。

★本书配有电子教案，需要者可登录出版社网站，免费下载。

图书在版编目(CIP)数据

高级程序设计技术(C 语言版) / 耿国华，刘晓宁，朱晓冬编著.
—西安：西安电子科技大学出版社，2009.3
新世纪计算机类本科规划教材
ISBN 978 - 7 - 5606 - 2213 - 2

Ⅰ. 高… Ⅱ. ① 耿… ② 刘… ③ 朱… Ⅲ. 程序设计—高等学校—教材 Ⅳ. TP311.1

中国版本图书馆 CIP 数据核字(2009)第 023478 号

策　　划　臧延新
责任编辑　阎　彬　臧延新
出版发行　西安电子科技大学出版社(西安市太白南路 2 号)
电　　话　(029)88242885　88201467　邮　　编　710071
网　　址　www.xduph.com　　　电子邮箱　xdupfxb001@163.com
经　　销　新华书店
印刷单位　西安文化彩印厂
版　　次　2009 年 3 月第 1 版　2009 年 3 月第 1 次印刷
开　　本　787 毫米×1092 毫米　1/16　印　张　14.75
字　　数　344 千字
印　　数　1～4000 册
定　　价　21.00 元
ISBN 978 - 7 - 5606 - 2213 - 2/TP·1127
XDUP 2505001-1

＊＊＊ 如有印装问题可调换 ＊＊＊

本社图书封面为激光防伪覆膜，谨防盗版。

前　言

　　计算机程序设计能力对计算机专业学生知识的掌握、技能的提高和智力的开发变得越来越重要。实际上，编程序不难，但编好程序不易。质的飞跃来自量的积累，良好的专业技能和创造性思维的培养，关键在于实践。程序设计是高强度的脑力劳动，是创造性的艺术，其真知灼见是从实践中获得的，只有多实践，才能学会程序设计的真本领，才会将知识与技术变成能力，应用自如。

　　在 C++、Java、C# 等语言风靡 IT 界的今天，本书仍以 C 语言为基础进行介绍是有原因的。C 语言是一门功能强大的基础性程序设计语言，其规模适中、应用面宽。学好 C 语言程序设计，再学习其他语言时就会更加容易。

　　本书共分 7 章，包括 3 部分内容：程序设计基础(第 1 章)、C 语言的高级处理技术(第 2 章数据类型、第 3 章指针高级应用、第 4 章文件操作、第 5 章图形界面与动画设计、第 6 章键盘与鼠标操作)及典型算法(第 7 章)。各章内容包括：

　　第 1 章程序设计基础，主要介绍了用 C 语言编写程序的步骤、程序编写环境、如何调试程序、参数传递相关技术、完整的 C 程序结构以及一些编程风格。

　　第 2 章数据类型，重点对结构体、枚举和联合进行讲解，通过两个综合实例，进一步说明了构造数据类型的用途。

　　第 3 章指针高级应用，从指针的基本概念开始，由浅入深，对指针进行全面讲解。

　　第 4 章文件操作，介绍了用 C 语言如何操作文件，并通过一个简单的银行账目管理系统示例，阐述了文件操作的实用性。

　　第 5 章图形界面与动画设计，重点介绍如何用 C 语言设计制作漂亮、动感的界面。

　　第 6 章键盘与鼠标操作，介绍如何用键盘和鼠标进行操作。

　　第 7 章算法，着重介绍了迭代法、穷举搜索法、递推法、递归法、分治法、回溯法、贪婪法等常用的程序设计方法与实例。

　　本书的编写本着"重基础，重启迪，重应用"的思想，对于每个问题，都用程序来说明。每章都有大量例程以及综合实例。

　　程序是编会的，不是看会的，也不是听会的。在学习的过程中，建议读者不要试图记住所有语法后再去写程序，而应当边写边学，边学边写。编写程序的过程是艰苦的，但只有经历过，才能体会到程序运行正确后的那种喜悦。

　　本书第 1、3、7 章由耿国华编写，第 4、5 章及附录由刘晓宁编写，第 2、6 章由朱晓冬编写。全书由耿国华统稿。

　　本书参考学时数为 36 学时，实习机时为 36 机时。本书中所有程序都在 TC 2.0 环境下调试通过。

　　由于编者水平有限，书中难免存在不足之处，恳请读者指正。

作　者

2009 年 1 月

目　　录

第 1 章　程序设计基础

1.1　程序设计语言与语言处理程序

1.1.1　程序设计语言

为了有效地实现人与计算机之间的通信，人们设计出多种词汇少、语法简单、意义明确的适合于计算机使用的语言，这样的语言被称为计算机语言。计算机语言从狭义的角度看是计算机可以执行的机器语言，从广义角度看是一切用于人与计算机通信的语言，包括程序设计语言，各种专用的或通用的命令语言、查询语言、定义语言等。

程序设计语言(programming language)泛指一切用于书写计算机程序的语言，包括汇编语言、机器语言，以及称为高级语言的完全符号形式的、独立于具体计算机的语言。程序设计语言是计算机语言的一个子集。

程序设计语言可分为低级语言与高级语言两大类。低级语言是与机器有关的语言，包括机器语言和汇编语言。高级语言是与机器无关的语言。

1. 机器语言

机器语言是以 "0"、"1" 二进制代码形式表示的机器基本指令的集合，是计算机硬件唯一可以直接识别的语言。

机器语言是最早出现的计算机语言，属于第一代程序设计语言。使用机器语言编写程序十分不便，因为这种语言直观性较差，难阅读、难修改。而且，由于每台计算机的指令系统往往各不相同，因此在一台计算机上执行的程序要想在另一台计算机上执行，必须重新编写程序，造成了重复工作。但是，由于使用的是针对特定型号计算机的语言，故机器语言的运算效率是所有语言中最高的。

2. 汇编语言

汇编语言是为了解决机器语言难于理解和记忆的缺点，用易于理解、记忆的名称和符号表示的机器指令。例如，用 "ADD" 代表加法，"MOV" 代表数据传递等。

汇编语言比机器语言直观，使程序的编写、纠错和维护变得相对简单了，但其基本上还是一条指令对应一种基本操作，对机器硬件十分依赖，移植性不好。由于汇编语言还是针对特定硬件的一种程序设计语言，因此效率仍十分高，能准确发挥计算机硬件的功能和特长，程序精练而质量高，所以至今仍是一种常用的软件开发工具。

　　不论是机器语言还是汇编语言，都是面向硬件具体操作的，语言对机器的过分依赖要求使用者必须对硬件结构及其工作原理都十分熟悉，这对非计算机专业人员是难以做到的，对于计算机的推广应用是不利的。

3. 高级语言

　　高级语言是人们为了解决低级语言的不足而设计的程序设计语言。它是由一些接近于自然语言和数学语言的语句组成的，因此更接近于要解决问题的表示方法，并在一定程度上与机器无关。用高级语言编写程序，易学、易用、易维护。但是由于机器硬件不能直接识别高级语言中的语句，因此高级语言必须通过编译系统编译或解释成低级语言后才能被计算机执行。高级语言不依赖于计算机系统，不同的编译程序可以把相同的高级语言程序编译成不同计算机下有意义的低级语言，这些低级语言是不同的，但它们的意义是一样的，执行的效果也是一样的。高级语言分为面向过程的语言和面向对象的语言，现在面向对象的语言已逐步成为程序设计的主流。用高级语言编程的效率高，但执行速度没有低级语言快。

　　高级语言的设计是很复杂的。因为它必须满足两种不同的需要：一方面它要满足程序设计人员的需要，可以方便、自然地描述现实世界中的问题；另一方面还要能够构造出高效率的翻译程序，能够把语言中的所有内容翻译成高效的机器指令。从 20 世纪 50 年代中期第一个实用的高级语言诞生以来，人们曾设计出几百种高级语言，但今天实际使用的通用高级语言也不过数十种。下面介绍几种目前最常用的高级语言。

　　(1) FORTRAN 语言。它是使用最早的高级语言。FORTRAN 语言从 20 世纪 50 年代中期到现在，经过几十年的实践检验，广泛用于科学计算程序的编制，人们称之为用于科学计算的"公式翻译语言"。

　　(2) COBOL 语言。它是主要面向商业的通用语言，创始于 20 世纪 50 年代末期，使用了十分接近于英语的语句，很容易理解，在事务处理中有着广泛的应用。

　　(3) BASIC 语言：它是 20 世纪 60 年代初为适应分时系统而研制的一种交互式语言，全称是 Beginner's All Purpose Symbolic Instruction Code，意为"初学者通用符号指令代码"，是最容易掌握的语言之一。BASIC 简化了 FORTRAN 操作，为无经验的人提供一种简单的编程语言，目前使用仍很广泛。Visual BASIC 或 QBASIC 都属于 BASIC 语言的发展，不过 Visual BASIC.net 和传统的 BASIC 已经有了很大的区别。

　　(4) LOGO 语言。1967 年美国麻省理工大学为儿童设计了一种 LOGO 编程语言，用于启发孩子们的学习与思考，于是 LOGO 成为一种热门的计算机教学语言。

　　(5) Simula 67 语言。1967 年挪威科学家推出了 Simula 67 语言。该语言第一次提出类的概念，能够把应用中的概念直接用编程语言描述。该语言由于一些原因没能流行，但它是面向对象编程语言的概念基础。

　　(6) C 语言。C 语言于 1970 年由美国贝尔实验室研制成功。由于它表达简洁，控制结构和数据结构完备，具有丰富的运算符和数据类型，移植性强，编译质量高，因此得到了广泛的使用。

(7) Pascal 语言。它于 1971 年研制成功，是第一个系统地体现了结构化程序设计概念的高级语言。与 BASIC、C 等语言相比，Pascal 语言更适合科学计算，其运行速度最快，编译能力也最强。其发展从 Pascal 5.5、6.0、7.0 一直到现在的 Delphi、.NET。

(8) PROLOG 语言。它是 1972 年诞生于法国，后来在英国得到完善和发展的一种逻辑程序设计语言，广泛应用于人工智能领域。

(9) ADA 语言。它是美国国防部直接领导下的、1975 年开始开发的一种现代模块化语言，便于实现嵌入式应用，已被许多国家选定为军用标准语言。

(10) C++语言。20 世纪 70 年代中期，Bjarne Stroustrup 在剑桥大学计算机中心工作。他以 C 为背景，以 Simula 思想为基础，在 1979 年开始从事将 C 改良为带类的 C 的工作。1983 年该语言被正式命名为 C++。C++ 支持 C 语言语法，但 C++ 并不只是一个 C 语言的扩展版本。实际上，在 C++ 和 C 语言之间存在着一个很大的区别，就是面向对象和结构化思想之间的区别。C++ 是面向对象的程序设计语言，而 C 语言则是一种标准的结构化语言。C++ 在标准化之后迅速成为了程序开发的主流语言。

(11) Java 语言。Java 是纯面向对象开发语言，也是目前非常流行的面向对象的程序设计语言之一。Java 的最大优点是它的跨平台特性，即借助于运行在不同平台上的 Java 虚拟机，用 Java 编写的程序可以在多种不同的操作系统甚至硬件平台上运行，实现"一次编写，处处运行"。Java 的语法和 C++ 具有很多相似的地方，因此，如果在学习 Java 之前就已经对 C++ 比较了解了，可能会感觉比较容易一些。不过 C++ 有一些特性却是 Java 没有的。

(12) C#语言。C# 是 Microsoft 公司设计的下一代面向对象的语言产品。微软给它的定义是："C# 是从 C 和 C++ 派生出来的一种简单、现代、面向对象和类型安全的编程语言。C#试图结合 Visual BASIC 的快速开发能力和 C++ 的强大灵活的能力。"C#有很多方面和 Java 类似。

随着可视化技术的发展，出现了 Visual BASIC、Visual C++、Delphi、.NET 等可视化的开发环境，更加方便了程序员写出更有效率的软件。

1.1.2　语言处理程序

用高级程序设计语言编写程序，通常要经过编辑、语言处理、装配连接后，才能够在计算机上运行。

编辑是指计算机通过编辑程序将人们编写的源程序送入计算机。编辑程序可以使用户方便地修改源程序，包括添加、删除、修改等，直到用户满意为止。

语言处理程序是把用一种程序设计语言表示的程序转换为与之等价的另一种程序设计语言表示的程序的处理程序。

在计算机软件中经常用到的语言处理程序是把汇编语言或高级语言"翻译"成机器语言的翻译程序。被翻译的程序称为源程序或源代码，经过翻译程序"翻译"出来的结果程序称为目标程序。

翻译程序有两种典型的实现途径，分别称为解释方式与编译方式。

(1) 解释方式。解释方式是按照源程序中语句的执行顺序，逐句翻译并立即予以执行。即由事先放入计算机中的解释程序把汇编语言或高级语言源程序语句逐条翻译成机器语言，翻译一句执行一句，直到程序全部翻译、执行完为止，如图 1.1 所示。解释方式类似于人类不同语言的口译工作。翻译员(解释程序)拿着外文版的说明书(源程序)在车间现场对操作员作现场指导。对说明书上的语句，翻译员逐条译给操作员听；操作员根据听到的话(他能懂的语言)进行操作。翻译员每翻译一句，操作员就执行该句规定的操作。翻译员翻译完全部说明书，操作员也执行完所需全部操作。由于未保留翻译的结果，因此若需再次操作，仍要由翻译员翻译，操作员操作。

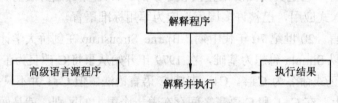

图 1.1　解释过程示意图

(2) 编译方式。编译方式先由翻译程序把源程序静态地翻译成目标程序，然后执行并得到结果，如图 1.2 所示。这种实现途径可以划分为两个明显的阶段：前一阶段称为生成阶段；后一阶段称为连接运行阶段。采用这种途径实现的翻译程序，如果源语言是一种高级语言，目标语言是某一计算机的机器语言或汇编语言，则这种翻译程序称为编译程序。如果源语言是计算机的汇编语言，目标语言是相应计算机的机器语言，则这种翻译程序称为汇编程序。

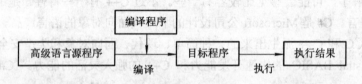

图 1.2　编译过程示意图

编译方式类似于不同语言的笔译工作。例如，某国的一个作家发表了某个剧本(源程序)，我们计划在国内上演。首先必须由懂得该国语言的翻译(编译程序)把该剧本笔译成中文本(目的程序)。翻译工作结束，得到了中文本后，才能交给演出单位(计算机)去演(执行)这个中文本(目标程序)。在后面的演出(执行)阶段，并不需要原来的外文剧本(源程序)，也不需要翻译(编译程序)。

正像只懂汉语的人与只懂英语的人交谈需要英语翻译，与只懂日语的人交谈就需要日语翻译一样，使用不同的高级语言也需要不同的翻译程序。如果使用 BASIC 语言，需要在计算机系统中安装 BASIC 语言的解释程序或编译程序；如果使用 C 语言，就需要在机器内安装 C 编译程序。如果机器内没有安装汇编语言或高级语言的翻译程序，计算机是决不能够理解用相应语言编写的程序的。比较而言，在翻译同样一篇外文文章的情况下，逐句翻译比整篇翻译的效率低，但一种语言的翻译程序类型不是由使用者，而是由系统软件的生产者决定的。

目标程序只是一个个独立的程序段，还不能直接执行，因为程序中用到的库函数和一些其他资源还没有挂上，所以需要进行连接。连接的作用就是将各个目标程序，包括库函数等整合成一个可执行文件。

1.2　程序设计的步骤

程序设计的基本过程一般由分析问题、抽象数学模型、选择合适算法、编写程序、调试运行程序及整理结果几个阶段构成，如图 1.3 所示。

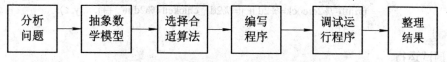

图 1.3　用计算机解决问题的基本过程

分析问题：对要解决的问题进行分析，理解题意。

抽象数学模型：找出问题的运算操作与变化规律，经归纳，建立数学模型，确定问题的解决方案。

选择合适算法：根据特定的数学模型，选择适合用计算机解决问题的算法，可将处理思路用流程图表示出来。(算法描述的主要流程图参见 6.1.3 节。)

编写程序：选择一种程序设计语言，按算法思路编写程序。

调试运行程序：调试运行程序，得到执行结果。

整理结果：对程序的执行结果进行分析。如果发现错误，找出错误原因，重新调试，并形成试验报告。

下面以一个古代的"百钱百鸡"问题为例进一步说明。

中国古代数学家张丘建在他的《算经》中提出了著名的"百钱百鸡问题"：鸡翁一，值钱五；鸡母一，值钱三；鸡雏三，值钱一；百钱买百鸡，翁、母、雏各几何？

1. 分析问题

这是一个典型的数值型问题。对于简单的问题，这一步骤通常在脑子里会一闪而过，明白题意后，进行下一步。

2. 抽象数学模型

对于简单的问题，数学模型也就是我们平时说的数学方程。复杂的问题可能会涉及数据结构等因素。假设要买 x 只公鸡、y 只母鸡、z 只小鸡，根据题目的意思可以得到两个方程：

$$x + y + z = 100 \qquad ①$$

$$5x + 3y + \frac{z}{3} = 100 \qquad ②$$

根据题目的意思，可以确定 x 和 y 的取值范围：$0 \leqslant x、y、z \leqslant 100$。

3. 确定算法

本题可采用穷举法进行求解。对于变量 x、y、z 的不同组合，看它们是否满足上面的两个方程。如果满足了，就是问题的一个解；如果不满足，就不是问题的解。采用三重嵌套的循环对变量 x、y、z 进行组合。

4. 编写程序

【程序 1.1】

```
#include <stdio.h>
```

```
main( )
{int x,y,z,j=0;                              /* j 为计数器，记录解的数量 */
 for (x=0; x<=100; x++)                      /* 穷举变量 x */
   for (y=0; y<=100; y++)                    /* 穷举变量 y */
     for (z=0; z<=100; z++)                  /* 穷举变量 z */
       if (x+y+z==100 && 5*x+3*y+z/3==100)   /* 判断是否满足两个方程 */
         printf("%2d:cock=%2d hen=%2d   chicken=%2d\n", ++j, x, y, z);
}
```

5. 调试运行

```
1: cock= 0    hen=25    chicken=75
2: cock= 3    hen=20    chicken=77
3: cock= 4    hen=18    chicken=78
4: cock= 7    hen=13    chicken=80
5: cock= 8    hen=11    chicken=81
6: cock=11    hen= 6    chicken=83
7: cock=12    hen= 4    chicken=84
```

6. 整理结果

第 2、4、6 组解中，小鸡的数量不能被 3 整除。问题到底出在什么地方呢？我们进行进一步分析，将这些解代入方程②，可以看到：

$$5 \times 3 + 3 \times 20 + \frac{77}{3} = 15 + 60 + 25.67 = 100.67 \neq 100$$

$$5 \times 7 + 3 \times 13 + \frac{80}{3} = 35 + 39 + 26.67 = 100.67 \neq 100$$

$$5 \times 11 + 3 \times 6 + \frac{83}{3} = 55 + 18 + 27.67 = 100.67 \neq 100$$

显然，这三组解不满足数学方程，但由于我们在 C 语言中进行整型除法时，77/3 的结果就是 25，80/3 的结果就是 26，83/3 的结果就是 27，也就是说，计算机在进行整型数据除法运算时，对于商的小数部分不再进行处理，而是直接截断。所以就造成了在数学上本来不成立的方程，在计算机中成立了。

产生这个问题的根本原因，就是我们在分析问题的过程中忽略了一个重要条件，变量 z 要能够被 3 整除。为了解决这个问题，应在原来两个方程的基础上增加一个判断条件：

    z%3==0

因此，得到程序 1.2。

【程序 1.2】

```
#include <stdio.h>
main( )
{ int x, y, z, j=0;
   for (x=0; x<=100; x++)
```

```
        for (y=0; y<=100; y++)
            for (z=0; z<=100; z++)
                if (z%3==0 && x+y+z==100&&5*x+3*y+z/3==100)
                    printf("%2d:cock=%2d hen=%2d chicken=%2d\n", ++j,  x,  y,  z  );
}
```

运行结果：

　　　1: cock= 0　　hen=25　　chicken=75

　　　2: cock= 4　　hen=18　　chicken=78

　　　3: cock= 8　　hen=11　　chicken=81

　　　4: cock=12　　hen= 4　　chicken=84

结果正确。

思考：该问题可否有更快的解法？

1.3　程序执行过程与编程工具

1.3.1　C 源程序执行过程

一个 C 源程序从输入到执行需要经过编辑、编译、连接、执行这些步骤。

1. 编辑

编辑源程序的作用是建立与修改源程序。编辑的对象是源程序，源程序是以 ASCII 码的方式输入与存储的。Windows 中的记事本以及 1.3.2 节介绍的编程工具均带有编辑功能。

2. 编译

所谓编译，就是将编写好的源程序翻译为二进制的目标代码，由相应的编译程序来完成。不同的高级语言需要不同的编译程序。编译以后产生的二进制目标代码一般扩展名为 obj，它不能直接运行。

3. 连接

编译产生的二进制目标代码是对每一个模块直接翻译产生的，需要将各个模块与系统模块相连接，才可以产生后缀为 .exe 的可执行文件。

4. 执行

运行可执行文件就可以获得我们所需要的结果。

图 1.4 表示了从输入源程序到产生可执行目标程序的全过程。

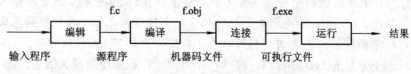

图 1.4　C 源程序从编辑到运行的过程

1.3.2　C 语言编程工具介绍

很多初学者将 C、Turbo C(简称 TC)、Visual C++(简称 VC)等的关系搞不清楚，认为 TC 和 VC 也是一种编程语言。正确理解是：C 是一种编程语言，TC 和 VC 都是 C 的集成开发环境。集成开发环境(Integerated Development Environment，IDE)是一种集成了代码编辑器、编译器、调试器以及执行等与开发有关的实用工具的软件。由于大部分常用工具都集成在一起了，因此使用 IDE 来进行开发效率会很高。下面主要介绍 C 语言的三种集成开发环境。

1. Turbo C

Turbo C(简称 TC)是 Borland 公司开发的 DOS 下 16 位 C 语言集成开发工具，目前主要有 2.0 和 3.0 版本。2.0 版本只支持 C 语言的编译且不支持鼠标操作，还需设置路径；而 3.0 版本可以支持 C/C++ 两种语言编译，而且还支持鼠标和"//"注释方式，并且在安装好后就可以使用，无需设置。

由于 TC 最初是在 DOS 环境下使用的，一切都需要用键盘来操作，对目前绝大多数习惯用鼠标的 Windows 用户来说，很不方便。但 TC 的编译速度快，代码执行速度高，程序调试也比较方便，界面简单，因此很多高校一般以 TC 为 IDE 开发环境讲授 C 语言。

(1) 启动 TC。双击 TC 文件夹下的 TC.exe(.exe 由于设置不同可能不显示)，出现如图 1.5 所示界面。按 Esc 键后，出现黄色光标闪烁，此时就可以编写程序了。

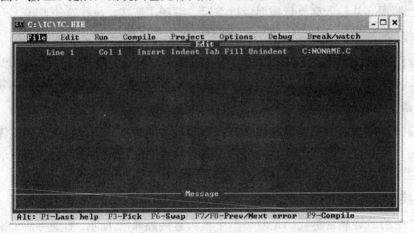

图 1.5　TC 界面

屏幕最上方是程序下拉菜单，下面是程序的编辑区域。在编辑窗口上方，是所编辑程序文件的相关信息。如 Line 表示正在编辑的行号，Col 表示正在编辑的列号，Insert 表示正在插入状态下编辑，"C：NONAME.C"表示正在编辑的程序文件名以及存放盘符。

特别提示：在编辑的过程中有时候会不小心按下键盘的 Insert 键，这会把输入时的插入状态变为改写状态，Insert 提示也消失。此时按下一个键后，光标所在位置的原来字符就会被改写为当前按下的字符。若要回到插入状态，只需再次按下 Insert 键即可。

编辑区域的下方是 Message 窗口，编译程序时，可显示编译的相关信息。按 F5 键可关闭该窗口。

窗口最下方是一些常用快捷键。

(2) 编写程序与保存。编写程序时为了使程序美观、易懂，最好按层次缩进，而不是全部左对齐。在编写程序之前、中间或结束后都可以对程序进行保存。保存程序时选择"File"菜单下的"Save"命令，或按 F2 键，在弹出的窗口中输入程序存放的路径和程序名称即可，如图 1.6 所示。

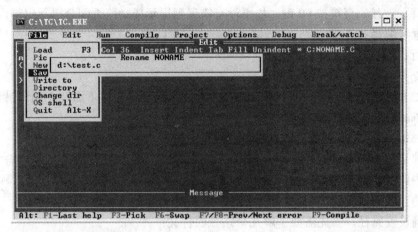

图 1.6　保存程序

特别提示：很多初学者在编写了十几行甚至更多代码时，程序的名称还是默认名称"NONAME.C"，如果此时电脑出现故障，死机或断电，所编写的代码就会丢失。因此，建议在编写几行代码后即保存程序，之后在编写若干行后，直接按 F2 键进行快捷保存。另外程序编译和执行前也最好先保存，以免程序运行崩溃而造成代码丢失。

(3) 编译与连接。"Compile"菜单下的"Compile to OBJ"、"Make EXE file"，"Link EXE file"分别是"编译为目标代码"、"生成可执行文件"、"连接为可执行文件"。以上步骤可按 F9 键一步完成。此时，程序如果有错误，就会在 Message 窗口中显示相关错误信息。

(4) 运行与查看程序结果。选择"Run"菜单下的"Run"，或按 Ctrl+F9 键运行程序，程序界面闪了一下，此时，程序已经执行完成。选择"Run"菜单下的"User Screen"或按 Alt+F5 键，可将界面切换到用户界面，以观察程序结果。之后按任意键可回到编辑窗口。

特别提示：F9 键用于编译、连接；Ctrl + F9 键用于执行可执行程序，如果按 Ctrl + F9 键时没有可执行的程序，则其自动生成可执行程序而后再执行，如图 1.7 所示。

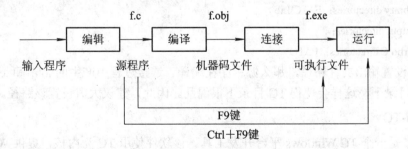

图 1.7　TC 环境下 C 源程序从编辑到运行的过程

在程序最后加入 getchar(); 语句，程序执行完后会自动停留在用户界面下，供用户观察结果，省去了按 Alt+F5 键的麻烦。

在 TC 下编写 C 程序的过程总结如下：

● 打开 TC。双击 TC 目录下的 TC.exe。

● 编写代码。如果要打开已有的文件，按 F3 键。

● 保存文件。用 File 菜单中的 Save 或 Write to 保存。

● 编译、连接。直接按 F9 键，如果没有错误则提示成功；否则会提示出错，调试并修改错误后继续编译、连接

● 运行、测试。按 Ctrl + F9 键。

● 看结果。按 Alt + F5 键。

(5) TC 使用中常见问题。开始使用 TC 时，同学们经常会被下面两个编译错误所困扰，

　　　Unable to open include file 'XXX.h'

　　　Unable to open input file 'COS.OBJ'

这些都是因为没有设置好路径引起的。TC 一般有两种版本：一种是下载后需要安装的，安装过程中路径已经设置好；另一种是不需要安装的。我们一般使用的是第二种版本，此时，路径的设置就很重要。

要正确设置路径，首先需要了解几个路径的含义：

Include directories：TC 头文件路径。

Library directories：TC 库文件路径。

Output directories：输出文件路径，即 obj 与.exe 文件的存放路径。

Turbo C directories：TC 路径。

假设 TC 文件夹被放在 F 盘，如图 1.8 所示。

图 1.8　TC 的假设路径

那么，路径的设置应该为：

　　　Include directories：F:\TC\Include

　　　Library directories：F:\TC\Lib

　　　Output directories：

　　　Turbo C directories：F:\TC

如果不设置输出文件路径，那么源程序在编译、连接过程中产生的 .obj 和 .exe 文件默认放在 TC 目录下，这样会使得 TC 目录下很混乱。因此，建议大家设置该路径。

2. Win-TC

Win-TC 是一个 TC Windows 平台开发工具。该软件使用 TC 为内核，提供 Windows 平台的开发界面，因此也就支持 Windows 平台下的功能，例如剪切、复制、粘贴和查找替换等，方便了程序修改。

Win-TC 需要安装，读者可从网上下载，默认安装即可。不过，如果想看到执行结果，

就一定要在程序最后加上 getch()。另外，Win-TC 没有提供程序调试工具，这点极大地限制了其推广使用。图 1.9 是 Win-TC 的界面。

图 1.9　Win-TC 界面

3. Visual C++

Visual C++(以下简称 VC)是一个面向对象的可视化开发环境，主要支持 C++ 语言，但也可以运行 C 程序。VC 运行于 Windows 下，因此习惯了图形界面的用户非常容易接受。VC 需要安装，本书以使用比较普遍的 Visual C++ 6.0 为例，介绍如何在 VC 环境下编写 C 程序。

(1) 启动 VC。安装 VC 后，按如图 1.10 所示启动 VC，会出现如图 1.11 所示界面。

图 1.10　启动 Visual C++ 6.0

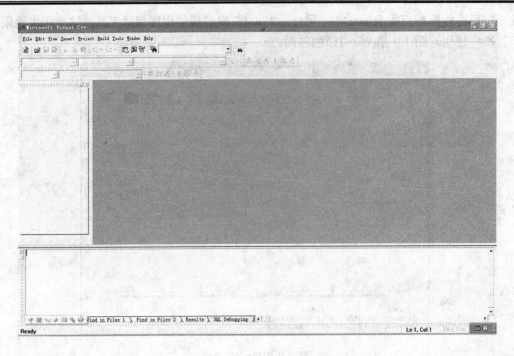

图 1.11　Visual C++ 6.0 界面

(2) 创建文件。选择菜单"File"→"New"，在弹出的对话框中选择"File"选项卡，在左边的列表中选择"C++ Source File"，同时在右边输入文件的名称以及保存位置，如图 1.12 所示。点击"OK"键，在出现的白色区域内编写代码，如图 1.13 所示。

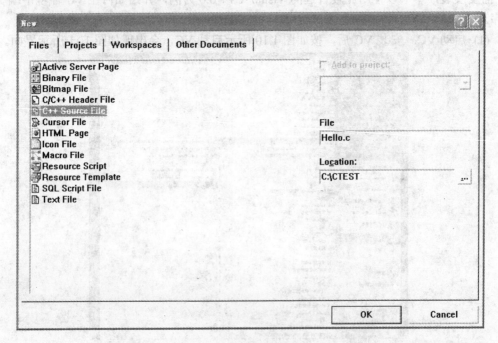

图 1.12　给文件起名

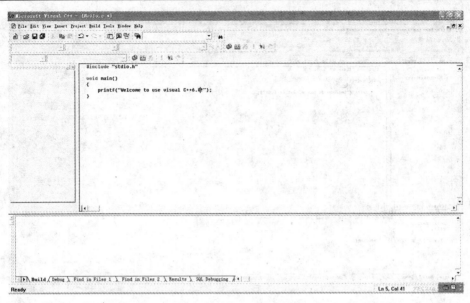

图 1.13　VC 程序边界界面

在 TC 环境下，我们虽然使用"stdio.h"文中的 printf() 和 scanf() 等函数，但可以不包含"stdio.h"头文件，因为 C 编译器能找到它们。但在 VC 环境下，使用任何函数时都必须包含其所在的头文件。另外，在 TC 环境下，main()函数的返回值类型可以不写(此时默认是 int 类型)，函数体中也可以不出现 return 语句；但在 VC 环境下，一个函数如果有返回值，则函数体中一定要有 return 语句，若函数没有返回值，则必须写上 void，这点要求比较严格。

(3) 编译、连接与运行。选择菜单"Build"→"Compile Hello.c"，会弹出一个对话框，如图 1.14 所示，选择"是(Y)"，如果程序没有错误，则在下方会出现编译成功的提示，如图 1.15 所示。

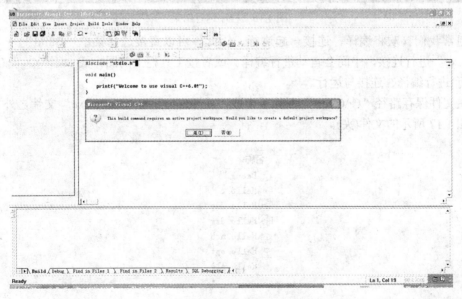

图 1.14　编译时的提示

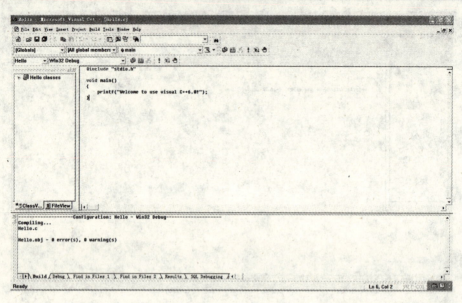

图 1.15　编译成功

我们知道，编译的结果是生成了目标文件 Hello.obj，还不能运行，必须通过连接生成可执行文件 Hello.exe 之后才能运行。

选择菜单"Build"→"Build Hello.exe"，会生成可执行文件"Hello.exe"。

最后，选择菜单"Build"→"!Execute Hello.exe"，执行程序，程序的运行结果会显示出来，如图 1.16 所示。

图 1.16　程序运行结果

通常我们喜欢将编译、连接一起进行，因此，可以直接选择菜单"Build"→"Build Hello.exe"进行连接，中间会自动进行编译。或者按工具栏上的图标 (编译)、 (连接)、 (执行)进行编译、连接与运行。

在文件保存路径"C:\CTest"下除了生成"Hello.obj"和"Hello.exe"文件之外，还生成如图 1.17 所示的文件(夹)。

图 1.17　VC 环境下运行 C 程序生成的文件

特别提示：*作为初学者，我们除了关心 .c 文件、.obj 文件和 .exe 文件之外，其余的文件可暂时不予关心。其中 .obj 和 .exe 文件都在 Debug 文件夹下。Debug 文件夹一般都比较大，因此如果要拷走程序，只需拷贝 .c 文件，在目标环境下重新生成 .obj 和 .exe 文件即可。*

除了上述的三种 C 语言编程工具外，还有 Boland C 也比较常用，感兴趣的读者可以找有关资料去学习。

IDE 开发环境只是方便了程序的编写、编译、运行和调试，程序设计的核心还是程序设计语言。因此，学好程序设计语言才是根本。

作者推荐使用 TC 2.0 或 VC 6.0 作为 C 语言的 IDE 开发环境。

1.4　程序的调试方法

很多初学者在调试完程序的语法错误后，以为大功告成，但执行完程序后，结果却很让人失望。此时，他们往往不知所措，不知道程序什么地方出错了，不知道下一步该怎么修改。下面我们一起来解决这些问题。

1.4.1　错误分类

程序中常见的错误有三种：语法错误、运行错误和逻辑错误。

语法错误是不符合程序设计语言语法规则的错误，这类错误通常在源程序被编译时就能及时发现(系统提示出错信息)，因此比较容易修改。

运行错误是程序在运行过程中产生的，比如除数为 0 错误、数组下标越界错误、空指针或错误指针错误。这类错误有时候会导致程序异常终止，有时候会产生莫名奇妙的结果，一般需要程序员的细心才能发现。

逻辑错误是指程序运行后得不到所期望的结果(或正确的结果)，也就是说程序并没有按照程序设计者的思路来运行。比如一个最简单例子是：我们的目的是求两个数的和，应该写成 C = A + B;，由于书写错误写成了 C = A – B;，这就是逻辑错误。逻辑错误是编译程序发现不了的，也是最不容易修改的，一般要用户通过单步跟踪运行过程才能发现。

下面列出一些初学者常犯的错误。

1. 编程功底不牢固

(1) 少加括号。如经常有类似下面的程序出现：

```
for(i=0;i<n;i++)
    j=i*i;
    printf("%d*%d=%d\n",i,i,j);
```

该程序的本意是执行一次 for 循环时执行循环体内的 2 条语句，但因为缺少括号，使得结果大不一样！

(2) 忘记加分号。这种错误在编译时就能发现，但一般被指出有错的一行并不会发现错误，此时需要看一下上一行是否漏掉了分号。

(3) 多加分号。如：

```
int i,k=0;
```

```
        for(i=0;i<10;i++);
             if(i%2==0) k++;
```

最后的 if 语句本来应在 for 循环内，现在却在 for 循环之外了。

(4) 输入变量时少加&。如：

```
        int a,b;
        scanf("%d%d",a,b);
```

这是不合法的，因为 scanf 函数的作用是按照 a、b 在内存的地址将 a、b 的值存进去，所以要加&。

(5) 输入字符串时多加了&。如：

```
        char str[50];
        scanf("%s",&str);
```

数组名本身就是地址，因此不需要加&。

(6) 变量输入方式与要求方式不符。如：

```
        scanf("%d%d",&a,&b);
```

输入时不能用逗号作两个数据间的分隔符，那么下面的输入方式不合法：

        3，4↙

输入数据时，在两个数据之间以一个或多个空格间隔，也可用回车键、跳格键 Tab 间隔。如对于

```
        scanf("%d,%d",&a,&b);
```

在"格式控制"字符串中除了格式说明以外还有其他字符，则在输入数据时应输入与这些字符相同的字符。合法的输入是：

        3，4↙

若此时不用逗号而用空格或其他字符是不对的，不合法的输入是：

        3 4↙

或   3:4↙

如对于

```
        scanf("a=%d,b=%d",&a,&b);
```

输入应如以下形式：

        a=3,b=4↙

如：

```
        scanf("%7.2f",&a);
```

这样写是不合法的，因为输入数据时不能规定精度。

(7) 字符输入问题。在用"%c"格式输入字符时，"空格字符"和"转义字符"都作为有效字符输入。如：

```
        scanf("%c%c%c",&c1,&c2,&c3);
```

如果输入：a b c↙ ，则将字符"a"送给 c1，字符" "送给 c2，字符"b"送给 c3，因为%c 只要求读入一个字符，不需要用空格作为两个字符的间隔。以下输入合法：

        abc↙   (将"a"送给 c1，"b"送给 c2，"c"送给 c3)

当在一个字符前面输入过其他类型数据时，因为确认输入时用过回车，因此后面的字

符输入就会"跳过",而直接将回车送入该字符。如对于

```
scanf("%s",str);

scanf("%c",&c);
```

输入：northwest↙，则输入结束，原因是将"northwest"送入 str，将"\n"送入 c。

这种问题的解决办法是在输入单个字符前加 fflush(stdin)函数，清空输入流缓冲区，即

```
scanf("%s",str);

fflush(stdin);

scanf("%c",&c);
```

(8) 字符串输入。字符串输入时，以空格或回车作为结束标志。如对于

```
scanf("%s",name);
```

输入：Wang meili↙，则 name 中的值为"wang"，而不是"wang meili"。

(9) 定义数组时误用变量。如：

```
int n;

scanf("%d",&n);

int a[n];
```

数组名后用方括号括起来的是常量表达式，可以包括常量和符号常量，不能是变量即 C 不允许对数组的大小作动态定义。

(10) 在定义数组时，将定义的"元素个数"误认为是可使用的最大下标值。如：

```
main()
{static int a[10]={1,2,3,4,5,6,7,8,9,10};
printf("%d",a[10]);
}
```

C 语言规定：定义时用 a[10]，表示 a 数组有 10 个元素，其下标值由 0 开始，所以数组元素 a[10]是不存在的。

2. 书写错误

(1) 函数名字书写错误，一般在连接时会提示出错，比较容易修改。

(2) 变量书写错误，包括大小写错误、漏写或多写字符。如果写错的变量本身没有定义，编译时会提示出错。但如果写错的变量本身已经定义，比如在表达式中用到变量 j 时误写成了 i，那么编译程序是找不出来的，修改这种错误只能靠用户自己细心查找。

(3) "="与"=="的错误。如：

```
if(a=3)

printf("the value of a is 3");
```

该语句的本意是判断变量 a 的值是否等于 3，如果等于 3，则输入一句话。但写成上述语句之后，无论 a 是否等于 3，都会输出"the value of a is 3"，并且将 a 的值改为 3，因为"="是赋值而不是判断是否相等。

3. 括号不完整

大、小括号经常不成对出现。该错误也很好避免，那就是在需要用到括号的时候，先把一对括号都打出来，然后在中间输入，这样就不会忘记另一半括号了。

4. 缩进格式

这本身不是一种错误，但如果编写的程序没有任何格式，则其可读性很差，格式的混乱经常会直接导致逻辑错误。如果正确地运用缩进格式，大部分的错误就会一目了然。

1.4.2　调试方法

1. 静态查错

静态查错是指不执行程序，仅根据程序和框图对求解过程的描述来发现错误。由于有些错误在运行时很难查出，但在静态查错中却容易发现，比如说前面说到的书写错误，因此，静态查错往往是不可忽视的审查步骤。静态查错一般顺序为先查程序局部，后查程序整体。查局部主要是独立地检查各个子模块的功能是否按照算法要求实现，查整体主要是检查各个局部之间的接口是否吻合，是否缺少某些功能。在静态查错阶段，可以有针对性地检查上面所列举的各类型错误。在这个阶段查出的错误越多，节省的调试时间也就越多。

2. 动态查错

静态查错能够查出错误，但无法保证查出所有错误，因为这里有一个人为的因素在里面，只要一不小心，就可能漏掉一个错误。因此，我们需要动态查错与之相结合来找出遗漏的错误。与静态查错相对，动态查错是指通过跟踪程序的执行过程，核对输出结果来发现错误。动态查错的技巧可分为两大部分：测试用例的设计和测试的方法。我们主要讲测试方法。动态查错的测试方法可以按照以下两种标准进行分类：

(1) 按照测试用例的设计依据的不同，可分为黑箱测试法和白箱测试法。

只知程序的输入与输出功能，而不知程序的具体结构，通过列举各种不同的可能情况来设计测试用例，通过执行测试用例来发现错误的测试方法叫做黑箱测试法。已知程序的内部结构和流向，根据程序内部逻辑来设计测试用例，通过执行测试用例来发现错误的测试方法叫做白箱测试法。在进行底层模块测试的时候可以使用白箱测试法，通过专门的测试条件和测试数据来考查程序在不同点上的状态是否符合预期的要求。在总体调试的时候则可以使用黑箱测试法，脱离程序内部结构来考察对于不同情况下的测试数据，程序是否能够正确输出。对于中间模块，可以用黑箱，也可以用白箱，或是两者兼用，具体要看适合哪种测试法。一般说来，结构复杂的模块使用黑箱测试法，结构简单的使用白箱测试法。最后要说的是，由于白箱测试法测试用例设计比较困难，所以在时间紧张的情况下，可以一律采用黑箱测试法，这样效率比较高。

(2) 按照测试顺序的不同，可分为由底向上测试和从顶向下测试。

由底向上测试是先测最底层的模块，然后依次向上测试，最后测试主模块。从顶向下测试刚好与之相反，先测主模块，然后按照从顶向下设计的顺序依次测试各个模块。为了加快调试的速度，建议采用从顶向下的测试顺序，只在发现某个模块有错时才进入下一层调试，这样对迅速定位错误也有很大帮助。

在运用这些测试方法时，我们要注意哪些问题呢？首先，对自己所编的程序的结构、模块的功能一定要了如指掌。采用从顶向下的测试方法时，经常是一个模块还没有测试完，就转到了下一个模块，因而特别容易忘记和疏漏。如果对程序结构心中没有概念，就很容易被弄糊涂。又如果对模块的功能不是很清楚，则难以判断模块执行结果的对错，从而无法准确确定错误所在。其次，测试需要有条理地进行。坚持使用同一个测试用例直到输出正确为止；在一个模块没有测试完毕时，不要进行下一个模块的测试，除非这个模块是当前模块的子模块且在当前模块的测试中发现这个子模块有错。最后，在每次修改了源代码之后一定要把已经测过的所有测试用例再测一遍，以防产生新的错误。

3. 跟踪调试

跟踪调试通常是一件繁琐的事，它需要足够的耐心和细心。选择哪些变量进行跟踪也是至关重要的，准确的变量选择可以起到事半功倍的效果。一般来说，首先要跟踪的是存放输入数据的变量，尤其对于那些需要对输入数据进行一定处理的程序来说更是如此，输入数据不正确，即使是正确的程序，其输出也会与答案不符；其次是那些频繁用到的全局变量，这些变量往往贯穿于整个程序中，一旦某处出错，会影响到其他模块的正确性，由此造成定位错误，出错的地方没有测试，正确的地方反而反复测试，因此对于这些全局变量的变化要密切加以关注，不可放过任何错误；再次就是那些循环变量了，跟踪循环变量可以准确地得知程序的执行进度，从时间上把握错误所在；最后是其他的变量，需要根据实际情况加以选择，对使用较多的变量应优先加以跟踪。

1.4.3　TC 环境下的程序调试

TC 集成开发环境下的程序调试技术包括以下两种：① 单步跟踪程序的执行(F7 键或 Run→Trace into，F8 键或 Run→Step over)；② 设置断点和观测项。

当一个程序的执行结果与预期结果不同时，首先进行静态查错，对错误位置进行人为定位，看看有没有 1.4.1 节中提到的一些常见错误。当静态查错失效，也就是查不出错误时，就应该进行跟踪调试。

(1) 直接单步跟踪调试。直接按 F7 键或 F8 键，程序便从 main 函数开始执行。执行的过程中，通过设置观测项(Break/Watch→Add Watch)查看一些变量的值，来诊断程序在何时出错。其中，F7 键和 F8 键的区别是：如果遇到一个用户自定义函数时，按 F7 键会进入该函数，继续跟踪调试；而按 F8 键不会进入该函数，而是直接将该函数的功能执行完。

(2) 设置断点后单步跟踪调试。有时候程序比较长，而我们通过静态查错知道开始的一段程序没有错误，那么如果用 F7 键或 F8 键来调试，则会浪费很多时间，尤其是当这段程序有一个次数不少的循环时。此时，就需要先设置断点。方法是：将光标移到可能会出错的第一行代码，选择 Break/watch→Toggle breakpoint，该行变色。此时开始执行程序，当程序执行到该断点处时会停止执行，此后再用 F7 键或 F8 键，设置一些观测项来进一步排错。

另外，如果要查看程序的输出结果，可以用 Run→User screen 或按 Alt + F5 键进行切换。

特别提示：*有些程序编译后会出现很多错误，初学者往往不知所措。如果有些错误不能明显确定所在位置，那么当改正一条明显的错误后，应该先编译一下，也许此时就不再有错误了。出现这种情况是因为编译器也不是想象中的那么完美，出现的很多错误可能都是因为一条错误引起的。*

1.4.4　VC 环境下的程序调试

在 VC 环境下调试程序，首先需要设置断点：将光标移到断点处，选择工具栏上的 🖐图标就设置了一个断点(可以设置多个断点);然后选择 ▤ 开始调试程序。程序会在断点处停止执行,并出现一个调试工具栏,如图 1.18 所示。常用的几个功能是第一排的后 4 个。它们分别代表:进入函数调试(类似 TC 的 F7 键)、跳过函数执行(类似 TC 的 F8 键)、从函数中跳出和直接执行到光标所在位置。

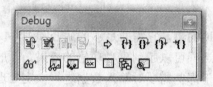

图 1.18　VC 调试工具栏

调试的过程中,可在屏幕下方的 Varible 工具栏(如图 1.19(a)所示)中查看当前变量的值,也可以在 Watch 工具栏(如图 1.19(b)所示)中输入需要查看的变量名,在 Value 栏中会显示该变量的值。

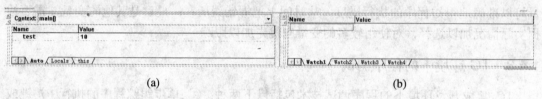

(a)　　　　　　　　　　　　　　　　(b)

图 1.19　VC 的 Watch 和 Varible 工具栏

1.5　参数传递相关技术

1.5.1　参数传递

参数传递是函数之间进行信息交换的重要渠道。首先区分几个概念:传值、传地址、值传递、地址传递。

传值和传地址是主调函数向被调函数传的内容,分为传值和传地址两类。

值传递和地址传递是实参替换形参的方式,其中,值传递表示将实参的值传递给形参,地址传递表示将实参的地址传递给形参。

C 语言中,可以传值,也可以传地址,但实参代替形参的方式为值传递方式。更详细的内容可参见 3.4 节。

1.5.2　函数结果的返回方式

值传递方式最大的缺点是被调用函数不能通过参数向调用函数返值,原因是值参数的作用域只在函数内部,无法返回结果值。如果要返回一个结果值,可以使用 return 方式。

如果函数结果需要返回多个值,该怎样实现呢?可以有以下两类方式实现:① 通过全局变量方式返回;② 通过地址传递(数组方式、结构体方式、指针方式)返回。

(1) 全局变量方式:不需要返回,对全局变量修改后,该程序中的其他函数均可得到改变后的值。

（2）数组方式：如果要返回的是多个相同类型的值，则可以将这些值放到一个数组中，然后返回数组的指针或首地址。

（3）结构体方式：如果要返回的是多个不同类型的值，则可以将这些值放到一个结构体中，然后返回结构体的指针或全局变量。但必须注意的是，该结构体必须是在全局范围内定义的结构体。

（4）指针方式：通过参数列表传递，参数列表中的参数如果为指针类型，则在被调函数中改变了指针所指单元的值，返回到主调函数后，指针所指单元的值保持改变后的值。

通过以下示例，说明以上返回方式的使用。

【程序 1.3】 函数结果返回方式示例。

```c
#include<stdio.h>
#include<stdlib.h>

typedef struct
{
    int max, min;
} Data;

int MIN;          /*  全局变量  */

int fun1(int a[], int n)
/*通过函数 return 返回最大值，通过全局变量 MIN 返回最小值*/
{   int i,max;
    max=MIN=a[0];                    //给最大值、最小值赋初值
    for (i=0;i<n;i++)
    {
       if(a[i]>max) max=a[i];
       if (a[i]<MIN) MIN=a[i];
    }
    return(max);
}

int *fun2(int a[],int n)
/*将最大、最小值放到数组 b 中，通过 return 返回*/
{   static int b[2];
    b[0]=b[1]=a[0];                  //给最大值、最小值赋初值
    int i;
    for (i=1;i<n;i++)
    {
        if (a[i]>b[0])
            b[0]=a[i];
```

```
        if (a[i]<b[1])
            b[1]=a[i];
        }
    return(b);
    }


Data *fun3(int a[],int n)
/*将最大、最小值放到结构体指针 p 中，通过 return 返回*/
{       Data *p;
        int i;
        p=(Data *)malloc(sizeof(Data *));           //指针初始化
        p->max=p->min=a[0];                         //给最大值、最小值赋初值
        for(i=1;i<n;i++)
        {
            if (a[i]>p->max)
                p->max=a[i];
            if (a[i]<p->min)
                p->min=a[i];
        }
        return(p);
}


Data fun4(int a[],int n)
/*将最大、最小值放到结构体 p 中，通过结构体 p 返回值*/
{       Data p;
        int i;
        p.max=p.min=a[0];                           //给最大值、最小值赋初值
        for(i=1;i<n;i++)
        {
            if (a[i]>p.max)
                p.max=a[i];
            if (a[i]<p.min)
                p.min=a[i];
        }
        return(p);
}


void fun5(int a[],int n,int *p,int *q)
/* 用指针返回值，指针 p 指向最大值，指针 q 指向最小值*/
```

```
{    int i;
     *p=*q=a[0];                                   //给最大值、最小值赋初值
     for(i=1;i<n;i++)
     {
         if(*p<a[i])
              *p=a[i];
         if(*q>a[i])
              *q=a[i];
     }
}


void main()
{   int a[10]={1,3,9,8,4,2,5,0,7,6},max,*p;
    Data *q;
    Data z;
    int *x, *y;
    x=(int *)malloc(sizeof (int *));
    y=(int *)malloc(sizeof (int *));

    max=fun1(a,10);
    printf("max=%d    min=%d\n",max,MIN);

    p=fun2(a,10);
    printf("max=%d    min=%d\n",p[0],p[1]);

    q=fun3(a,10);
    printf("max=%d    min=%d\n",q->max,q->min);

    z=fun4(a,10);
    printf("max=%d    min=%d\n",z.max,z.min);

    fun5(a,10,x,y);
    printf("max=%d    min=%d\n",*x,*y);
}
```

1.6　完整的 C 程序结构

一个结构合理的 C 程序是由很多函数组成的，每个函数称为一个模块。模块是一个具

有独立功能的程序，可以单独设计、调试与管理。模块化程序的设计思想是将一个大的程序按功能分割成一些模块，使每一个模块都成为功能单一、结构清晰、接口简单、容易理解的小程序。

模块化程序设计的原则有：

(1) 用"自顶向下"的方法进行系统设计，即由整体到局部。

(2) 按功能划分法把模块组成树状结构，使层次清楚。

(3) 模块的大小要适中，代码量一般在 100 行以内。

(4) 各模块间的接口要简单，尽可能使每个模块只有一个入口，一个出口。

模块化设计的优点是：

(1) 复杂系统化大为小，化繁为简。

(2) 便于维护。

(3) 提高系统设计效率(多人可并行开发)。

C 语言的函数式程序结构即是模块化的一种体现。通过参数传递，可实现各模块间的数据交换。

因此，一个完整的、可执行的 C 程序文件一般有两种结构，如图 1.20 所示。

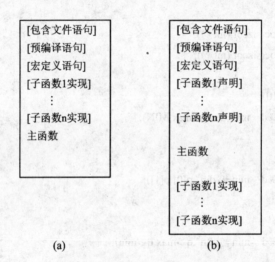

图 1.20　C 程序文件的两种结构

图 1.20 中的每行表示一段语句或程序，[ ]中的内容表示可选。所谓可选，并不是说可有可无，而是要根据实际情况看是否需要它们。对于一个完整的、可执行的 C 程序而言，主函数是必不可少的，它是一个程序的入口。换句话说，计算机执行一个程序的时候，是从主函数的位置开始执行的。还有一点需要说明的是，主函数的函数名必须使用 main()。

另外，如果子函数的返回值为 int 类型，则可以不在主函数之前声明，而直接在主函数之后实现，但不建议这样做。图1.20(a)所示结构有一个缺点：当子函数之间互相有调用，且被调用函数返回值类型不是 int 时，被调用函数必须出现在调用函数之前，这样限制太多。因此，建议采用图 1.20(b)的结构，这样子函数在声明时不受互相调用的限制，其最简单的方式为：

　　返回值类型　函数名();　　　/*参数可以暂时省略*/

思考：包含文件语句可否出现在宏定义语句之后？

【程序 1.4】 C 程序结构举例。

```
/********************************************
文件名称：test.c
功能：演示 C 程序一般结构
作者：XXX
修改日期：2008 年 11 月 12 日
*********************************************/
#include "stdio.h"
#define N 5
void add();   /*函数声明时可以没有参数，但必须写清返回值类型*/
void substract();

main()
{
    int a[N]={1,3,5,7,9},b[N]={2,4,6,8,10},c[N],d[N];
    add(a,b,c);   /*两个一维数组相加，结果放在 c 中*/
    substract(a,b,d);   /*两个一维数组相减，结果放在 d 中*/
}


/************************************************
函数名称：add
函数功能：将两个整型一维数组相加后的结果放在另一个一维数组中
参数说明：x,y,z 均为一维数组，大小为 N。将 x 和 y 相加后，结果放在 z 中
返回值：无返回值
************************************************/
void add(int x[],int y[],int z[])
{int i;        /*i 为循环变量*/
 for(i=0;i<N;i++)
    z[i]=x[i]+y[i];
}

void substract(int x[],int y[],int z[])
{int i;
 for(i=0;i<N;i++)
    z[i]=x[i]-y[i];
}
```

1.7　良好的程序风格

虽然我们开始写的程序很简单，但良好的风格应该从一开始就培养直至形成习惯。良好的风格能使程序结构一目了然，帮助你和别人理解它，帮助你理清思路，也帮助你发现程序中不正常的地方，使程序中的错误更容易被发现。

良好的程序风格涉及很多方面的知识，其本身就可以写一本书。本节仅列出一些最基本的程序风格，希望读者在实践中能遵守，逐步形成习惯。

1. 命名约定

程序中经常要对模块、常量、变量等命名，这些名字应该具有一定的意义，使其能够见名知义，有助于对程序功能的理解。

常用的命名规则如下：

(1) 所有常量用大写字母。在复合词里用下划线隔开每个词。如：

    #define TRUE   1

(2) 变量一般用小写字母。为了使名字更有意义，可以加入下划线。如：

    int average, sum_of_salary;

有些程序员不喜欢用下划线，而是把变量中的每个单词的首字母用大写。还有一些其他合理的规范，只要整个程序中使用同一种规范即可。

(3) 函数名如果是单个词，全部采用小写方式；函数名如果是复合词，其第一个词全部采用小写，随后每个单词采用第一个字母大写，其他字母小写方式。

(4) 全局变量词头为 g_ 。

(5) 临时变量词头为 tmp_ 。

当然还有很多有关命名的规则，比如匈牙利命名法。使用命名规则时，最重要的是保持一致性。也就是说，如果你在一个小组环境中编程，你和其他小组成员应该制定一种命名规则，并自始至终使用这种规则。此外，如果你们在程序中用到了第三方库，应该尽可能使用与第三方库相同的命名规则，这将加强你的程序的可读性和一致性。

2. 注释

一个好的程序，除了程序本身能正确解决问题外，最重要的是要有一份完整的程序说明文件，即注释。程序注释是程序员之间交流的重要手段之一。一份没有注释的程序，让人理解起来很困难。

注释可以占到整个源程序的 1/3 到 1/2。注释分为文件注释、函数注释和功能注释，如程序 1.4 所示。

文件注释位于整个源程序的最开始部分，注释后空两行开始程序正文。一般包括：

(1) 文件名称。

(2) 程序目的、功能说明。

(3) 程序作者、最后修改日期等。

函数注释通常置于每个函数的开头部分，它应当给出函数的整体说明，对于理解程序本身具有引导作用。一般包括如下条目：

(1) 函数名称。

(2) 函数功能概述。

(3) 调用格式及接口说明，包括输入、输出、返回值、异常。

(4) 算法描述。如果函数中采用了一些复杂的算法，则应描述该算法的主要思想。

功能性注释嵌在源程序体中，用于描述其后的语句或程序段做什么工作，也就是解释下面要做什么，或是执行了下面的语句会怎么样。不要解释下面怎么做，因为解释怎么做常常与程序本身是重复的。如：

```
/*把 amount 加到 total 中*/

total = amount + total;
```

这样的注释仅仅是重复了下面的程序，对于理解它的工作并没有什么作用。而下面的注释，有助于读者理解。

```
/*将每月的销售额 amount 加到年销售额 total 中*/

total = amount + total;
```

注：限于篇幅，本书中的程序仅有少部分注释，读者在实际开发中应该重视注释。

3. 界面友好

程序是人机对话的媒介，也是人与人传递信息的工具。构建友好的用户界面，可采取多种措施：

首先，应尽可能减少用户输入，必须输入时，应有提示。当用户误操作时，还应有误操作处理。

另外，对输入的数据应该进行正确性检查。如输入处理日期的数据时，月份应在 $1\sim12$ 之间。当用户输入非法值时，应提示用户正确输入。

4. 其他风格

(1) 缩进。缩进能使程序变得一目了然，也可以避免缺少括号等错误。一般使用 4 个空格比较合适。

(2) 利用空行。函数之间插入 2 行空行，不同目的的语句之间也插入一行空行，可让程序有层次感，在调试时也容易找出错误。

(3) 程序编写首先应考虑可读性，在没有效率等特殊要求下，不要刻意追求技巧性而使得程序难以理解。诸如 i+=j+=k;、c=(b=a+2) – (a=1); 之类的语句尽量不要使用。

(4) 使用括号。每种语言都会介绍其运算符的优先级，但作者不建议读者去记，多用括号，程序既清晰，也具有良好的可读性。

(5) 尽量用子函数去代替重复的功能代码段。要注意，这个代码段应具有一个独立的功能，不要只因代码形式一样便将其抽出组成一个子函数。

(6) 尽量减少使用"否定"条件的条件语句。如把

```
if( !( (cMychar<'0') || (cMychar>'9') ) )
```

最好改为

```
if( (cMychar>='0') && (cMychar<='9') )
```

总之，程序首先是让人来读的，其次才是让机器去执行。因此，应该用最简明的语句

直接说明程序用意，不要刻意追求技巧。

习　题　1

1. 填空题。

(1) 用高级程序设计语言编写程序，通常要经过_____、_____和_____后，才能够在计算机上运行。

(2) 语言处理程序有两种典型的实现途径，分别称为_____与_____。

(3) 将 A.c(源文件)经_____产生 A.obj 文件，再经过连接可产生_____。从 A.obj 到 A.exe 在 TC 环境下可由按键_____完成。

2. 将高级语言翻译成低级语言的两种途径是什么？它们各有什么优缺点？

3. 简述函数参数传递的两种方式。

4. 简述函数返回结果的方式。

5. 注释为什么很重要？注释分为哪几种？

实　验　1

1. 采用模块化程序设计完成进制转换。由键盘输入一个十进制正整数，然后将该数转换成指定的进制数(二、八、十六)形式输出。指定的进制由用户输入。

2. 采用模块化程序设计完成组合 C_m^n 的计算。

第 2 章　数　据　类　型

2.1　数据类型的定义与分类

把一组性质相同的数据归为一类，就叫一种数据类型。在 C 语言程序中，为了便于进行数据的操作，C 语言语法要求每个数据必须具有某种类型。以 int 型为例，在 16 位机(为什么会提到 16 位机后面会解释)中它的取值范围是 −32 768～32 767 之间，可用的运算符集合为加、减、乘、除、取模运算(即 +、−、*、/、%)。

1. 数据类型的分类

在 C 语言中，数据类型可分为基本数据类型、构造数据类型、指针类型、空类型四大类。其中：

基本数据类型最主要的特点是，其值不可以再分解为其他类型。也就是说，基本数据类型是自我说明的。

构造数据类型是根据已定义的一个或多个数据类型，用构造的方法来定义的。也就是说，一个构造类型的值可以分解成若干个"成员"或"元素"。每个"成员"都是一个基本数据类型或又是一个构造类型。在 C 语言中，构造类型有数组类型、结构体类型和共用体(联合)类型。

指针类型是一种特殊的具有重要作用的数据类型。其值用来表示某个变量在内存储器中的地址。虽然指针变量的取值类似于整型量，但这是两个类型完全不同的量，因此不能混为一谈。指针类型在第 3 章中详细讲解。

在调用函数时，通常应向调用者返回一个函数值。这个返回的函数值是具有一定类型的，应在函数定义及函数说明中给予说明。例如在函数头 int max(int a，int b)；中，"int"类型说明符即表示该函数的返回值为整型量。又如在使用库函数 sin 时，由于系统规定其函数返回值为双精度浮点型，因此在赋值语句 s=sin (x);中，s 也必须是双精度浮点型，以便与 sin 函数的返回值一致。所以在说明部分，把 s 说明为双精度浮点型。但是，也有一类函数，调用后并不需要向调用者返回函数值,这种函数可以定义为"空类型",其类型说明符为 void。

2. 数据类型与变量的关系

对于每一种类型的变量，都为其定义了一定大小(由类型决定)的内存空间。例如，若变量 a 是整型，则用变量定义语句 int a; 定义后，系统为其分配整型类型的空间，即 2 个或 4 个字节。数据类型只是规格，变量定义才分配空间。

2.2　基本数据类型

对于基本数据类型，按其取值是否可改变又分为常量和变量两种类型。在程序执行过程中，其值不发生改变的量称为常量，其值可变的量称为变量。在程序中，常量是可以不经说明而直接引用的，而变量则必须先定义后使用。

C 语言中有以下几个基本数据类型：char(字符型)、int(整型)、float(单精度浮点型)和double(双精度浮点型)。

另外，还有 4 个修饰词可以出现在上面几个基本类型之前，从而改变原来的含义，它们是 short(短型)、long(长型)、signed(有符号)和 unsigned(无符号)。例如：

short int 表示短整型；

unsigned char 表示无符号字符型；

long int 表示长整型；

unsigned short int 表示无符号短整型。

各种无符号类型量所占的内存空间字节数与相应的有符号类型量相同，但由于省去了符号位，故不能表示负数。

数据的长度和取值范围随着 CPU 类型(16 位、32 位或 64 位等)和 C 编译器的不同而不同。表 2.1 列出了 16 位机与 32 位机中的基本数据类型及其所占字节数。表 2.2 列出了在不同实现环境下的基本数据类型及其所占字节数。

表 2.1　16 位与 32 位机中的基本数据类型及其所占字节数

类　型	16 位机中 所占字节数	32 位机中 所占字节数
Char	1	1
signed char	1	1
unsigned char	1	1
[signed] int	2	4
unsigned [int]	2	4
short [int]	2	2
unsigned short [int]	2	2
long [int]	4	4
unsigned long [int]	4	4
float	4	4
double	8	8

表 2.2 不同实现环境下的基本数据类型及其所占字节数

类 型	TC	VC++	Boland C++
char	1	1	1
short	2	2	2
int	2	4	2
long	4	4	4
float	4	4	4
double	8	8	8

下面讨论变量在内存中的存放形式，以进一步了解基本数据类型。

1. 整型

数值在内存中是以补码的形式存放的，正数的补码和原码相同；负数的补码为将该数的绝对值的二进制形式按位取反再加 1。因此，若有 int a = 10，b = −10，则 a、b 在内存中的存放形式如下：

a

0	0	0	0	0	0	0	0	0	0	0	0	1	0	1	0

b

1	1	1	1	1	1	1	1	1	1	1	1	0	1	1	0

【程序 2.1】 分析下面程序的结果。

```
main()
{
        int a=-12,b=2;
        unsigned u=10;

        printf("a+u=%d,%u\n",a+u,a+u);
        printf("b+u=%d,%u\n",b+u,b+u);
}
```

在 TC 环境下的运行结果：

```
a+u=-2,    65534
b+u=12, 12
```

在 VC 环境下的运行结果：

```
a+u=-2,    4294967294
b+u=12, 12
```

【程序 2.2】 分析下面程序的结果。

```
main()
{
    int a,b;
    short c,d;
```

```
        a=2147483647;   b=a+1;
        c=32767;   d=c+1;


        printf("a=%d,b=%d,c=%d,d=%d",a,b,c,d);
    }
```

在 TC 环境下的运行结果：

　　a=-1,b=0,c=32767,d=-32768

在 VC 环境下的运行结果：

　　a=2147483647,b=-2147483648,c=32767,d=-32768

通过上述例子可以看出，当变量的值超出它所允许的范围时，其值会变得不准确。因此在定义变量时，一定要注意该变量类型所允许的取值范围。

思考：为什么在不同的环境下执行会有不同的结果？

2. 实型

实型分单精度型与双精度型。单精度型占 4 个字节的内存空间，提供 6～7 位有效数字；双精度型占 8 个字节的内存空间，提供 15～16 位有效数字；long double 占 16 个字节，提供 18～19 位有效数字。实型数据的格式如下：

阶符	阶码	数符	尾数

其中，阶符与数符均占一位，阶码和尾数部分的长度与计算机系统采用定点数还是浮点数表示有关系，在此不予详细讨论。

【程序 2.3】 分析下面程序的结果。

```
        #include <stdio.h>
        main()
        {
            float e=-563246658.123456789;
            double f=78953065626784413569.143256234154613256;
            long double g=-100000000000.22222222222222222222222;


            printf("the type of this variable is float.(%6f)\n",e);
            printf("the type of this variable is double.(%14f)\n",f);
            printf("the type of this variable is long double.(%18f)\n",g);
        }
```

提到实型，有很多读者可能遇到这种问题：

　　float f=3.1;

　　printf("%f",f);

输出可能是 3.0999999。

其原因是：实型数据也是用二进制来表示的。在十进制下，0.1 是个简单、精确的小数，但是用二进制表示起来却是个循环小数 0.0001100110011…。所以 3.1 在十进制下可以准确地表达，而在二进制下不能。

因此，在对一些二进制中无法精确表示的小数进行赋值或读入再输出，也就是将十进制数转成二进制数再转回十进制数时，会观察到数值的不一致。这是由编译器的二进制/十进制转换例程的精确度引起的。

同样，比较两个实型数的最好方法是利用阈值，而不要直接作比较。这个阈值和作比较的浮点数值大小有关。例如，不要用下面的代码：

```
double a, b;
    ⋮
if (a == b)      /*  错！  */
```

要用类似下面的方法：

```
#include <math.h>
if (fabs(a - b)   <= epsilon * fabs(a))
```

epsilon 被赋为一个选定的值来控制"接近度"，当然也还要确定 a 不会为 0。

3. 字符型

字符型变量占一个内存单元，存放字符的 ASCII 码值，如 char x='a';，则变量 x 在内存中的存放形式如下：

0	1	1	0	0	0	0	1

C 语言允许对整型变量赋予字符值，也允许对字符变量赋予整型值。在输出时，允许把字符变量按整型量输出，也允许把整型量按字符量输出。但要注意：整型变量占 2 个字节，字符变量占 1 个字节，当整型变量按字符变量处理时，只有低 8 位字节参与处理；当字符变量按整型变量处理时，高 8 位为 0。

char 型是 signed char 或 unsigned char，这一说法都是不准确的。有些编译器将 char 默认为 signed char，有些则默认为 unsigned char。TC 和 VC++ 编译器都将 char 默认为 signed char。

4. 枚举类型

如果一个变量只有几种可能的取值，则可以将其定义为枚举类型。枚举就是将变量可能的值——列举出来，变量的值只能取列举出来的值之一。枚举在日常生活中很常见，例如表示星期的 SUN、MON、TUE、WED、THUR、FRI、SAT 就是一个枚举。

枚举的说明与结构和联合相似(见 2.3.1 和 2.3.2 节)，其形式为：

```
enum  枚举名{
        标识符[=整型常数],
        标识符[=整型常数],
            ⋮
        标识符[=整型常数],
};
```

如果枚举没有初始化，即省掉"=整型常数"，则从第一个标识符开始，顺次赋给标识符 0，1，2，…。但当枚举中的某个成员赋值后，其后的成员按依次加 1 的规则确定其值。

例如：

```
enum color{red,green, blue,yellow};
```

此时，标识符依次被赋予 0～3 的整数。

当定义改变成：

```
enum color{ red,green=3, blue,yellow };
```

则 red=0, green=3, blue=4,yellow=5。

大家知道，C 语言没有布尔类型，因此可以通过枚举定义一个布尔类型：

```
typedef enum{false, true}Bool;   /*typedef 的作用在 2.3.3 节中有详细介绍*/

Bool    b；  /*b 可以赋值为 false 或 true*/
```

枚举标识符变量代表整数，类似 #define 定义的宏变量，是不能按标识符样子输入/输出的，只能通过其他办法输出。

【程序 2.4】　了解枚举变量的应用。

```
enum Week{MON=1,TUE,WED,THUR,FRI,SAT,SUN};

main()

{   enum Week day;

    printf("What's the day today?");
    scanf("%d",&day);

    printf("\nToday is:");
    switch(day)
    {
        case MON:        printf("Mon");        break;
        case TUE:        printf("TUE");        break;
        case WED:        printf("WED");        break;
        case THUR:       printf("THUR");       break;
        case FRI:        printf("FRI");        break;
        case SAT:        printf("SAT");        break;
        case SUN:        printf("SUN");        break;
        default:         printf("**Enter error!");
    }
}
```

程序执行结果：

```
Wha's the day today:6

Today is: SAT
```

注意事项：

(1) 枚举变量的值表示的是整数。初始化时可以赋负数，以后的标识符仍依次加 1。

(2) 枚举变量只能取枚举说明结构中的某个标识符常量。

2.3 构造数据类型

在程序设计过程中，经常会有一些数据无法用已有的原子数据类型进行描述，这就需要用户自己构造数据类型。常用的构造数据类型有以下几种：① 结构体类型；② 共用体类型；③ 数组类型。本节只讲述结构体类型和共用体类型。

2.3.1 结构体

实际应用中，有时需要将不同数据类型的数据组合成一个有机的整体。比如在学生的学籍管理过程中，需要记录学生的个人信息、学习成绩以及其他情况，如果用原子类型进行变量描述就显得很不方便。此时，可以采用构造的结构体类型进行变量描述，不过首先要定义一个结构体类型。学生的个人信息有以下几项：姓名、性别、年龄、系别、学号、个人成绩，个人成绩又可以细分为专业课程 1、专业课程 2、…、专业课程 n。

"结构"是一种构造类型，它是由若干"成员"组成的。 每一个成员可以是一个基本数据类型或者又是一个构造类型。结构既然是一种"构造"而成的数据类型，那么在说明和使用之前必须先定义它，也就是构造它，如同在说明和调用函数之前要先定义函数一样。

1. 结构体类型的定义

结构体类型定义的一般形式为：

```
struct 结构体名{
        成员表列;
};
```

成员表列由若干个成员组成，每个成员都是该结构体的一个组成部分。对每个成员也必须作类型说明，其形式为：

```
类型说明符 成员名;   /*成员的类型可以是基本类型，也可以是构造类型*/
```

例如：

```
struct stu
{
    int num;
    char name[20];
    char sex;
    float score[4];
};
```

有几个注意事项：

(1) 结构体类型的定义可以在函数内部定义，也可以在函数外部定义。如果在函数内部定义，那么只有在该函数内部可见；如果在外部定义，则从定义点到文件结尾处，对所有的函数都可见。

(2) 结构体类型中的成员在定义时不占用内存空间，只有在定义了结构体变量后才分配内存空间。

(3) 定义了结构体类型后，可以像使用基本数据类型一样去定义结构体变量、数组、指针。

(4) 结构体定义时可以嵌套定义，如：

```
struct stu
{
    int num;
    char name[20];
    struct date{
    int year; int month;   int day;}birthday;
    float score[4];
};
```

以上等价于：

```
struct date{
    int year; int month;   int day;
};

struct stu
{
    int num;
    char name[20];
    struct date birthday;
    float score[4];
};
```

2. 结构体变量的定义

结构体变量的定义有三种方法：

(1) 先定义结构体类型，再定义结构体变量。例如：

```
struct stu
{
    int num;
    char name[20];
    char sex;
    float score[4];
};
```

在使用时，采用以下方式定义结构体变量：

```
struct stu stu1,stu2;
```

注意，此时 struct stu 是结构体类型的名称，如同基本数据类型一样。因此，定义结构体变量时不要误写为 struct stu1; 或者 stu stu1;，这些都是错误的。

(2) 在定义结构体类型的同时定义结构体变量。例如：

```
struct stu
{
    int num;
    char name[20];
    char sex;
    float score[4];
}stu3;
```

stu3 是结构体变量。当以后需要定义其他该结构体变量时，仍旧可以采用 struct stu 来定义，如 struct stu stu_3;等。

(3) 直接定义结构体变量。例如：

```
struct
{
    int num;
    char name[20];
    char sex;
    float score[4];
}stu4;
```

这种方式下，如果需要定义其他结构变量，只能在 stu4 之后继续补充。

注意：结构名和结构变量是两个不同的概念，不能混淆。结构名只能表示一个结构形式，编译系统并不对它分配内存空间。只有当某变量被说明为这种类型的结构时，才对该变量分配存储空间，且此时成员的变量空间是连续的。

3. 结构体变量的使用

(1) 结构体变量的赋值。结构体变量可以在定义时直接赋初值，如：

```
struct stu stu1={1001,"wang lin",'f',{89,86,90,91}};    /*正确*/
```

但不能在定义后再直接赋值，如：

```
struct stu stu2;
stu2={1002,"wang wei",'m',{85,87,91,81}};    /*错误*/
```

只能通过给结构体成员一一赋值的方式来进行，如下：

```
stu2.num=1002;        strcpy(stu2.name,"wang wei");    stu2.sex='m';
stu2.score[0]=85;    stu2.score[1]=87;    stu2.score[2]=91;    stu2.score[3]=81;
```

相同类型的结构体变量可以直接赋值，如：

```
stu2=stu1;    /*相当于将 stu1 中的每一个成员的值赋给 stu2 中的每一个成员*/
```

但不能采用 if(stu1==stu2)来试图判断两个结构体变量是否相等，而必须通过比较每个成员的值来判断。

(2) 结构体数组。如果数组的每一个元素是结构类型的，那么该数组就是结构体数组。在实际应用中，经常用结构体数组来表示具有相同数据结构的一个群体，如一个班的学生档案、一个车间职工的工资表等。如：

```
        struct stu    computerStu[60];
```

(3) 结构体指针变量。结构体指针变量说明的一般形式为：

```
        struct  结构名  *结构指针变量名
```

结构体指针变量中的值是所指向的结构体变量的首地址。通过结构体指针即可访问该结构体变量。例如，在前面我们定义了 stu 这个结构，如要说明一个指向 stu 的指针变量 pstu，可写为：

```
        struct stu *pstu=computerStu;
```

(4) 结构体变量成员的引用。只能对结构体变量的成员进行访问，其访问形式有：

```
        结构体变量.成员名
        结构体指针->成员名
        (*结构体指针).成员名        /*不常用*/
```

【程序 2.5】 结构体变量的使用。

```
        struct date{
          int year;
          int month;
          int day;
        };


        struct teacher{
          int num;
          char name[20];
          char sex;
          struct date birth;
        };


        main()
        {
        struct teacher t1,*pt=&t1;
        t1.num=2007;
        strcpy(t1.name,"liu jing");
        t1.sex='f';
        t1.birth.year=1980;
        t1.birth.month=5;
        t1.birth.day=3;

        printf("\nnum=%d\nname=%s\nsex=%c\nbirth=%d-%d-%d",pt->num,pt->name,
                pt->sex,pt->birth.year,pt->birth.month,pt->birth.day);
        }
```

【程序 2.6】 输入一组学生的信息，用子函数计算学生的平均成绩，并统计不及格学生人数。

```c
#define N 3
struct student{
    int number;
    char name[20];
    float score;
};

void average(struct student s[],int n)
{   float temp=0;
    int count=0,i;
    for(i=0;i<n;i++)
    {
        temp+=s[i].score;
        if(s[i].score<60) count++;
    }
    printf("Average score=%f\n fail stus=%d",temp/n,count);
}

main()
{
    struct student stu[N];
    int i;

    for(i=0;i<N;i++)
      scanf("%d%s%f",&stu[i].number,stu[i].name,&stu[i].score);

    average(stu,N);
}
```

该程序在输入时会产生以下错误：

```
scanf:floating point formats not linked
Abnormal program termination
```

其原因是：TC 是在 20 世纪 80 年代在 DOS 下开发的，当时存储资源紧缺，因此 TC 编译器在编译时尽量不加入无关部分。TC 编译器在没发现需要做浮点转换时，就不将这个部分安装到可执行程序里，而实际上确实需要浮点转换，因此就会出现以上错误。

解决方法：设法告诉 TC 编译器需要做浮点数输入转换。实现时有两种方法：

(1) 在主函数中加入 float arg,*point=&arg;，这样就连接了浮点库。

(2) 采用"偷梁换柱"的方法，即在输入时用一个实型变量替换，再将该实型变量的值赋值给结构体变量中的实型成员。程序 2.7 是用第二种方法实现的。

【程序 2.7】 程序 2.6 的 main 函数改为：

```
main()
{   struct student stu[N];
    int i;   float f;

    for(i=0;i<N;i++)
    {   scanf("%d%s%f",&stu[i].number,stu[i].name,&f);
        stu[i].score=f;
    }
    average(stu,N);
}
```

2.3.2　共用体

共用体也叫联合，与结构体类似，也是将一些不同类型的数据组织在一起而形成的一种数据类型。但共用体只为其中最大的成员分配足够的内存空间，其他成员变量共享这段内存。因此，在某一时刻只能存放一个成员，而不能同时存放几个成员。所以在使用共用体变量时，要注意起作用的成员是最后一次存入的成员，其他成员的值已被覆盖掉。换句话说，共用体变量在对一个成员变量赋值后，原来的成员因被覆盖而失去作用。

共用体与结构体类型唯一不同的是：对于结构体变量，每个成员变量有其独立的内存储空间，对某个成员变量的操作不影响其他成员变量的值；对于共用体变量，所有成员共享一个空间，每次只有一个成员的值有效。例如：

```
struct STest{
    int num;
    char c;
    float f;
}stag;



union UTest{
    int num;
    char c;
    float f;
}utag;
```

假设内存起始地址为 1000，stag 与 utag 的内存结构如图 2.1 所示。

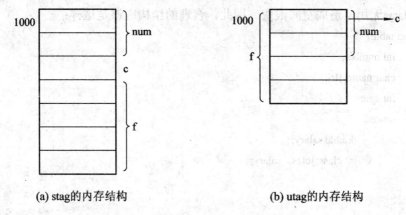

(a) stag的内存结构　　　　　　　　　　(b) utag的内存结构

图 2.1　共同体与结构体变量的内存结构

【程序 2.8】 分析下面程序的执行结果。

```
union{
    int a;
    char ch[2];
}test;

main()
{ test.ch[0]=1;
  test.ch[1]=2;
  printf("%d",test.a);
}
```

程序执行结果：

　　513

使用共用体，一方面可以节省空间，一方面可以构造混合类型的数据结构。

1. 使用共用体节省空间

假设要设计一个可以同时存储学生和老师信息的数据结构，老师和学生的信息如下：

老师信息：职工号，姓名，年龄，工资；

学生信息：学号，姓名，年龄，班级。

如果采用结构体，则应该如下定义：

```
struct table{
    int number;
    char name[10];
    int age;
    double salary;
    int class;
};
```

前 3 项成员教师和学生都能使用，但如果存储教师信息，则 class 无用；如果存储学生信息，则 salary 无用，造成空间浪费。因此，合理的结构应该是这样：

```
struct table{
    int number;
    char name[10];
    int age;
    union{
        double salary;
        int class;}class_salary;
};
```

2. 使用共用体构造混合型数据结构

数组要求元素类型必须相同，所以，如果想创建一个既能存储整型，也能存储浮点型的数组就需要借助共用体。

定义一个如下的共用体：

```
union type{
    int i;
    float f;
};
```

```
union type array[10];   /*定义共用体数组*/
array[0].i=10;         /*数组的 0 号单元存储整数*/
array[1].f=10.1;  /*数组的 1 号单元存储浮点数*/
```

2.3.3　typedef 的使用

1. 基本概念

关键字 typedef 可以用来建立已定义好的数据类型的别名。例如：

```
typedef int INTEGER;
typedef float REAL;
```

以上定义给已有数据类型 int 起别名为 INTEGER，给 float 起别名为 REAL。

根据上述定义，以下两行等价：

```
int i, j ; float a, b;
INTEGER i, j;   REAL   a, b;
```

2. 典型用途

(1) 便于程序的移植。假定有两种类型的机器，A 型号机器上的 int 类型占 4 个字节，B 型号机器上的 int 占 2 个字节，long 占 4 个字节。我们编写了一个程序，在 A 型号的机器上运行正确，但如果将程序直接移植到 B 机器上，由于 B 机器上 int 类型只占 2 个字节，可能会导致程序运行失败。此时，需要将程序中所有 int 改为 long，工作量很大。如果我们在程序中有如下定义：

        typedef int   INTEGER;

那么，在使用到 int 的地方，都要用 INTEGER 代替。如果在 B 机器上运行程序，只需要将上面那条语句改为：

        typedef long   INTEGER;

即可保证程序的正确运行，使程序具有很好的可移植性。

(2) 使程序更加清晰。例如定义 size_t 数据类型，专用于内存字节计数：

        typedef unsigned int size_t

        size_t size; /* 变量 size 用于内存字节计数 */

或定义 COUNT 数据类型，专用于计数：

        typedef int COUNT

        COUNT i,j;

(3) 书写简单。例如定义：

        typedef struct card Card;

以后就可以直接使用 Card 来代替 struct card 定义结构体类型的变量了。通常使用以下形式定义：

        typedef struct card{

            char *face;

            char *suit;

        }Card;   /*Card 不是结构体变量，而是结构体的别名*/

一般为了强调用 typedef 定义的类型名是其他类型名的别名，建议以大写字母开头的形式书写用 typedef 定义的类型名。

定义好 Card 后，就可以用它来声明变量了。语句 Card deck[52];与语句 struct card deck[52]; 是等价的，声明了一个有 52 个元素的 Card 结构(即 struct card 类型)的数组。

注意：用 typedef 建立一个新的名字实际上并没有建立一个新的类型，而只是建立了一个用作现有类型名别名的新的类型名而已。有意义的名字可以提高程序的可读性。例如：在读到上面的声明语句时，我们可以知道"deck 是有 52 张牌(Card)的数组"。

2.4　空　类　型

空类型即 void 类型，void * 则为"无类型指针"。void 几乎只有"注释"和限制程序的作用，因为从来没有人会定义一个 void 变量。如果定义：

        void a;

编译这行语句时会出错，提示"illegal use of type 'void'"。void 真正的作用在于：

(1) 对函数返回的限定，该函数没有返回值。

(2) 对函数参数的限定，该函数没有参数。

众所周知，如果指针 p1 和 p2 的类型相同，那么我们可以直接在 p1 和 p2 间互相赋值；如果 p1 和 p2 指向不同的数据类型，则必须使用强制类型转换运算符把赋值运算符右边的指针类型转换为左边的指针类型。例如：

```
float *p1;
int *p2;
p1 = p2;
```

其中 p1 = p2 语句编译时会出错，提示"'=' : cannot convert from 'int *' to 'float *'"，所以必须改为：

```
p1 = (float *)p2;
```

而 void * 则不同，任何类型的指针都可以直接赋值给它，无需进行强制类型转换，例如：

```
void *p1;
int *p2;
p1 = p2;
```

编译时不会出错，但这并不意味着 void * 也可以无需强制类型转换地赋给其他类型的指针，因为"无类型"可以包容"有类型"，而"有类型"则不能包容"无类型"。下面的语句编译时会出错：

```
void *p1;
int *p2;
p2 = p1;
```

提示"'=' : cannot convert from 'void *' to 'int *'"。

2.5 常 见 错 误

(1) 结构体类型定义时缺少分号。如：

```
struct color{
    int red;
    int green;
    int blue;
}          /*在此少了一个分号*/
```

同样的问题也可能会出在定义联合和枚举类型时。

(2) 把结构名当作变量名。如：

```
struct color{
    int red;
    int green;
    int blue;
};
color.red=0;   color.green=255; color.blue=0; /*color 为结构名称，不是结构体变量*/
```

正确的应该为：

```
struct color c;
c.red=0; c.green=255; c.blue=0;
```

(3) 定义结构体变量时丢失 struct 或者只写 struct。如：

```
color c1; /*错误*/
struct c2; /*错误*/
```

这多少有些受 int a;的影响。觉得类型是一个单词。正确的应该为：

```
struct color c1;
struct color c2;
```

(4) 将结构体定义在某一函数之内，但在其他函数内部却用到了该结构体。如：

```
main()
{
    struct color{
     int red;
     int green;
     int blue;
    };
     ⋮
}



int fun()
{
    struct color cc;
     ⋮
}
```

结构体名称也是标识符，有它的作用域。上述例子中，结构体 struct color 的作用域就是 main 函数，main 函数之外是不可见的。因此，一般将结构体的定义放在程序的开始处，这样对整个源文件都是可见的。

(5) 结构体变量值的交换。如：

```
struct color c1,c2;
int tmp;
c1.red=0; c1.green=255; c1.blue=0;
c2.red=255; c2.green=0; c2.blue=0;
```

欲交换 c1 和 c2 的值，很多初学者就会犯下面的错误(或许不该称为错误，只能说太费事)：

```
tmp=c1.red; c1.red=c2.red; c2.red=tmp;
tmp=c1.green; c1. green =c2. green; c2. green =tmp;
tmp=c1. blue; c1. blue =c2. blue; c2. blue =tmp;
```

试想想，如果一个结构体中有几十个成员时，需要写多少代码啊。可采用下面的三条语句代替上面的九条语句：

```
tmp=c1;   c1=c2;   c2=tmp;   /*切记此时 tmp 的类型应为 struct color，而不是 int*/
```

(6) 直接输入结构体。有了(5)的启示，很多读者就认为编译器很聪明，因此又会犯下面的错误：

```
struct color c;
scanf("%d%d%d",&c);     /*错误*/
```

正确的应该为：

```
struct color c;
scanf("%d%d%d",&c.red,& c.green,& c.blue);
```

2.6　综 合 实 例

【程序 2.9】每个城市的信息由城市名(字符串)和位置坐标组成(x,y)。设计实现一程序，从键盘输入各城市信息，并按城市名字非递减排序后输出。

```
#include <stdio.h>
#include <string.h>
#define N 5    /*城市个数*/

typedef struct position{
    int x;
    int y;
}Pos;
typedef struct city{
    char name[20];
    Pos loc;
}City;
void sortByName(City cy[]);

main()
{    int i;
    City chinaCity[N];
    /*输入各城市信息*/
    for(i=0;i<N;i++)
    {    printf("Enter %d city infor:\n",i);
        scanf("%s%d%d",chinaCity[i].name,&chinaCity[i].loc.x,&chinaCity[i].loc.y);
    }

    sortByName(chinaCity);    /*按城市名非递减排序*/


    /*输出排序后的各城市信息*/
```

```
        printf("After sort by name,the city infor is:\n");
        printf("name           location\n");
        for(i=0;i<N;i++)
            printf("%-10s(%d,%d)\n",chinaCity[i].name,chinaCity[i].loc.x,chinaCity[i].loc.y);


    }
    /*采用选择排序算法按城市名非递减排序*/
    void sortByName(City cy[])
    {

        int i,j,k;
        City temp;
        for(i=0;i<N-1;i++)
        { k=i;
          for(j=i+1;j<N;j++)
                if( strcmp(cy[j].name, cy[k].name)<0 )
                    k=j;

          if(k!=i)
          {temp=cy[i]; cy[i]=cy[k];cy[k]=temp;}
        }

    }
```

读者可在此基础上添加如下功能：输入某个位置信息，查询该位置的城市名称。

【程序 2.10】 挖坑发牌程序。

挖坑是一种比较流行的游戏，下面我们来模拟一下挖坑的发牌程序。

游戏介绍：挖坑是三人游戏，一副牌去掉大小王不用，共 52 张牌，发牌时每人发 16 张牌，剩余 4 张为底牌。最后由三人叫分，谁叫的分多，4 张底牌全部归谁。

分析：

(1) 每张扑克牌有两个属性，花色和面值。因此，可采用结构体来实现。其中花色的取值就四种：红桃、黑桃、方块和梅花，可采用枚举来实现。其定义为

```
    typedef enum{Hearts=1,Spade,Diamonds,Club}Suit;   /*红桃，黑桃，方块，梅花*/
    typedef struct{
        int rank;    /*面值*/
        Suit suit;   /*花色*/
    }Card;
```

(2) 回想一下我们现实生活中是如何进行挖坑的：首先需要有一副扑克牌，然后经过洗牌(洗的越均匀越好)，再顺次发给三人。因此需要一个创建扑克牌模块、洗牌模块和发牌模块。

程序如下：

```
    #include "stdio.h"
```

```c
#include "stdlib.h"
#define M 52

typedef enum{Hearts=1,Spade,Diamonds,Club}Suit;
typedef struct{
    int rank;
    Suit suit;
}Card;

void creat(Card card[]);    /*创建一副扑克牌*/
void riffle(Card card[]);     /*洗牌*/
void deal(Card card[]);     /*发牌*/

main()
{    Card card[M];

    creat(card);
    riffle(card);
    deal(card);
}
```

/*创建牌的思路：共 52 张牌，每个花色共 13 张牌。因此，将 52 与 13 取余的结果+1 作为牌的面值，将 52 与 13 取整的结果+1 作为花色*/

```c
void creat(Card card[])
{
    int i;
    for(i=0;i<M;i++)
    {
        card[i].rank=i%13+1;
        card[i].suit=(Suit)(i/13+1);    /*将整数值强制转换为枚举类型*/
    }
}
```

/*洗牌的思路是：随机产生两个代表扑克牌位置的整数，将这两个位置的牌交换(两数交换)，若干次后，牌的原有次序被打乱*/

```c
void riffle(Card card[])
{
    int i,rand1,rand2;
    Card tmp;

    for(i=0;i<1000;i++)
```

```
    {
        rand1=random(M);
        rand2=random(M);
        if(rand1!=rand2)
        {
            tmp=card[rand1];
            card[rand1]=card[rand2];
            card[rand2]=tmp;
        }
    }
}

void deal(Card card[])
{
    int i,j=0,num,p;            /*p 为拿最后 4 张牌的人*/

    Card person[3][20];         /*3 个人玩牌，只有一人最多 20 张牌*/

    for(i=0;i<M-4;i=i+3)        /*将洗好的牌依次发给 3 个人，最后留下 4 张*/
    {
        person[0][j]=card[i];
        person[1][j]=card[i+1];
        person[2][j]=card[i+2];
        j++;
    }

    /*为了简化叫分过程，采用提问方式决定谁要最后的 4 张牌*/
    clrscr();   /*清屏*/
    printf("\n\nFour cards are left,Who want them?(1~3)");
    scanf("%d",&p);

    person[p-1][16]=card[M-4]; person[p-1][17]=card[M-3];
    person[p-1][18]=card[M-2]; person[p-1][19]=card[M-1];

    /*打印发牌结果*/
    for(i=0;i<3;i++)
    {
        if(p==i+1) num=20;
        else num=16;
```

```
        printf("\n\n****person %d has the %d cards:****\n",i+1,num);


        for(j=0;j<num;j++)
        {
            switch(person[i][j].suit)
            {
                case Hearts:    printf("(Hearts,"); break;
                case Spade:     printf("(Spade,"); break;
                case Diamonds:printf("(Diamonds,"); break;
                case Club:      printf("(Club,"); break;
            }

            switch(person[i][j].rank)
            {
                case 1: printf("A)"); break;
                case 2:
                case 3:
                case 4:
                case 5:
                case 6:
                case 7:
                case 8:
                case 9:
                case 10: printf("%d)", person[i][j].rank);break;
                case 11: printf("J)");break;
                case 12: printf("Q)");break;
                case 13: printf("K)");break;
            }
        }
    }
}
```

执行结果为:

Four cards are left,Who want them?(1~3)2

****person 1 has the 16 cards:****

(Club,5)(Club,3)(Hearts,2)(Hearts,Q)(Hearts,7)(Spade,7)(Spade,J)(Diamonds,J)(Hearts,3)

(Club,8)(Diamonds,10)(Spade,8)(Hearts,4)(Diamonds,4)(Spade,6)(Spade,4)

****person 2 has the 20 cards:****

(Club,J)(Club,A)(Club,K)(Diamonds,8)(Diamonds,3)(Hearts,A)(Club,6)(Hearts,8)(Spade,A)

(Hearts,J)(Diamonds,6)(Diamonds,A)(Spade,5)(Club,7)(Diamonds,9)(Spade,10)(Spade,Q)

(Hearts,K)(Club,9)(Diamonds,7)

****person 3 has the 16 cards:****

(Diamonds,K)(Hearts,9)(Diamonds,Q)(Hearts,5)(Spade,9)(Spade,3)(Spade,2)(Diamonds,2)

(Hearts,6)(Diamonds,5)(Club,4)(Club,2)(Hearts,10)(Club,10)(Club,Q)(Spade,K)

由于洗牌是随机的，因此每次的执行结果可能不同。感兴趣的读者可以对叫分过程进行改进。

习　题　2

1. 选择题。

(1) 以下哪种数据类型不属于构造数据类型(　　)。

  A) 结构体 B) 共用体 C) 数组 D) 枚举

(2) 声明一个结构体变量时，系统分配给它的内存是(　　)。

  A) 结构体第一个成员所需内存

  B) 结构体最后一个成员所需内存

  C) 结构体所有成员所需内存总和

  D) 结构体成员中占内存最大者所需内存

(2) 声明一个共用体变量时，系统分配给它的内存是(　　)。

  A) 共用体第一个成员所需内存

  B) 共用体最后一个成员所需内存

  C) 共用体所有成员所需内存总和

  D) 共用体成员中占内存最大者所需内存

(3) 关于枚举，以下说法错误的是(　　)。

  A) 可以在定义枚举类型时对枚举成员进行初始化

  B) 枚举成员表中的成员有先后次序，可以进行比较

  C) 枚举成员的值可以是整数，也可以是字符串

  D) 枚举变量只能取对应枚举成员表中的元素

(4) 以下选项中不能正确把 c 定义成结构体变量的是(　　)。

  A) typedef struct {int red,green,blue;} COLOR;
    COLOR c;

  B) struct color c {int red,green,blue;};

  C) struct color {int red,green,blue;}c;

  D) struct {int red,green,blue;}c;

(5) 关于 typedef，说法不正确的是(　　)。

  A) typedef 不产生新的数据类型

    B) typedef 可以使得类型名较短，便于记忆

    C) typedef 定义已有数据类型的别名

    D) typedef 可以用来定义新的数据类型

2. 问答题。

(1) C 语言的数据类型分为哪几类？

(2) 结构体与共用体的区别是什么？

(3) typedef 的作用是什么？

3. 阅读下面的程序，写出执行结果。

(1)
```c
union Test{
    int a[4];
    char ch[8];
};
main()
{    union Test t;
     t.a[0]=0x4241;      t.a[1]=0x4443;
     t.a[2]=0x4645;      t.a[3]=0x0000;
     printf("%s\n",t.ch);
}
```

(2)
```c
#include "stdio.h"
struct Test
{    int i;
     char c;
};

void func(struct Test t)
{    t.i=10;    t.c='A';}
main()
{
     struct Test tt={1,'B'};
     func(tt);
     printf("%d---%c\n",tt.i,tt.c);
}
```

(3)
```c
struct S{
     char cl;
     char ch;
};

union U{
     struct S b;
```

```
        short w;
}u;
main()
{
    u.w=0x5f7c;
    printf("%x,%x,%x",u.b.h,u.b.l,u.w);
    u.b.l=u.b.l+16;
    printf("%x\n",u.w);
}
```

实 验 2

1. 编写程序，从键盘输入一矩形(用左上角和右下角坐标确定一个矩形)，再输入一点，判断该点在矩形内还是矩形外。(提示：定义点结构体和矩形结构体。)

2. 设计一个程序，统计一个班(最多有 35 人)的学生成绩，要求能实现如下四个功能：

(1) 由键盘输入每个学生的学号和四门课程的成绩。

(2) 计算每个学生的平均成绩和总成绩。

(3) 按总成绩从高到低排名，并按名次输出每个学生的情况，包括：

　　 学号，各科成绩，平均成绩，总成绩，排名

(4) 根据要求输出某门课程(由键盘输入课程号)成绩在 90 分(含 90 分)以上且总分在前 5 名的学生情况(请采用结构休数据类型，并采用模块化结构实现)。

3. 设有一个教师与学生通用的表格，教师数据有姓名、年龄、教研室三项，学生有姓名、年龄、班级三项。编程输入人员数据，再以表格输出(请采用共用体数据类型)。

第 3 章　指针高级应用

指针是 C 语言的一大特色，指针的灵活运用，可使程序简捷、明快，大大提高程序的运行速度。但由于指针是指向内存地址的，如果使用不当，比如指针指向了内存的系统存储区，可能会因为进行了错误的写操作而导致系统区被破坏而死机，因此使用指针要非常谨慎。

本章首先对指针进行详细讲解，其次结合结构体指针，详细讲述了链表的一系列操作。在模块化程序设计中，一个 C 源文件通常由多个函数组成，这些函数之间互相调用，完成一个复杂的功能。因此，函数之间的参数传递非常重要。本章主要就指针与函数问题进一步与大家探讨。

3.1　指　针

在计算机中，所有的要处理的数据都是存放在内存中的。一般把内存的一个字节称为一个内存单元。不同的数据类型所占用的内存单元数不等，如一个整型变量占 2 个单元(16位机或某些 C 编译环境下)，字符变量占 1 个单元等。任何变量都在计算机内存中占有一块内存区域，变量的值就存放在这块内存区域之中(寄存器变量不在内存中，而是在 CPU 的寄存器中)。比如在图 3.1 中，整型变量 i 占 2000 和 2001 两个内存单元，因此 i 的地址是 2000。

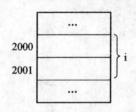

图 3.1　变量 i 占用内存示意图

CPU 为了正确地访问这些内存单元，必须为每个内存单元编上号。内存单元的地址从 0 开始编码，最大地址码取决于内存大小。比如 256 B 大小的内存，内存单元编码范围为 $0 \sim 2^8 - 1$。根据一个内存单元的编码即可准确地找到该内存单元，内存单元的编号也叫做地址，通常也把这个地址称为指针。如果想知道变量的地址，可采用&运算，如：

```
int a=6;
printf("%d",&a);   /* &a 就是变量 a 的地址*/
```

注意，这个地址并不是始终不变的，这是由机器和操作系统来安排的，我们无法预先知道。

3.1.1 指针变量

我们已经知道，变量在计算机内是占有一块存储区域的，变量的值就存放在这块区域之中。在计算机内部，访问这块区域的方法有两种：

(1) 通过访问或修改相应的变量来访问或修改这块区域的内容。

(2) 先求出变量的地址，然后再通过地址对它进行访问，这就是这里所要论述的指针及其指针变量。

变量的地址其实就是一个数字，但我们无法用一个整数来表示，因为该数字的取值范围与内存的大小有关。因此为了表示该地址，引入了指针变量的概念。

指针：一个变量的地址称为指针，可以说指针就是地址。

指针变量：一个变量，其值是另外一个变量的地址。

1. 指针变量的定义

指针变量的定义如下：

　　类型　*指针变量名;　　/*指针变量的类型由其所指变量的类型决定*/

如：

　　int i=10,j=11,k=12，*p=&i;

此时内存如图 3.2 所示。注意，i、j、k 三个变量的地址在实际内存中不一定连续，为了节省空间在图中画成连续的。

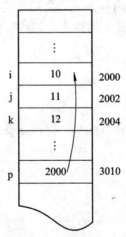

图 3.2　指针与变量在内存中的关系

图 3.2 中，指针变量 p 存储的是整型变量 i 的地址，我们一般称为"p 指向 i"。

指针变量有三个属性：

(1) 指针变量的类型。指针变量的类型取决于该指针指向的变量的类型。如 p 指向的变量 i 是整型，则 p 的类型也是整型。

(2) 指针变量所占内存单元数。指针变量本身也是变量，因此也需要占一定的内存单元，只不过它是一种特殊的变量而已，它只能存储其他变量的地址。指针变量到底占多少内存单元呢？如果指针变量占两个内存单元，则称为"近指针"，用 near 表示。如果该变量在内存中占 4 个内存单元，则称为"远指针"，用 far 表示。如果未指定 near 或 far，则缺省是 near。

(3) 指针变量的值，即该指针变量指向哪一个变量。如 p 的值是 2000。

注意区分指针变量本身的值与指针变量所指的值。图 3.2 中，指针变量 p 本身的值是一个地址 2000，它所指向的值是 10。

2. 指针变量的引用

有两个运算符可以引用指针变量：

(1) &：取地址运算符，一般用来给指针变量赋值，如 p = &i;。

注意，&只能对左值进行运算。所谓左值，是指具有内存单元的数据。如整型变量 k 是左值，但 5 就不是左值，因为 5 是常量。

(2) *：引用目标运算符，用于访问指针变量所指向的内存单元。例如：

```
int i＝10,j,*p;
p = &i;    /*指针变量 p 指向变量 i */
j = *p ;   /*将 p 所指变量的值赋给 j */
```

3. 指针变量的赋值

指针变量中只能存放地址，可采用 & 给指针变量赋值。虽然地址也是一个整数，但不能将一个整数直接赋给一个指针变量，如：

```
int *p1 = &j;    /*正确*/
int *p2 =1000 ;  /*警告，虽然不是错误，但请不要这样做，危险！ */
```

指针变量赋值后，它指向某个内存单元。之后还可以通过赋值运算，让该指针变量指向其他内存单元。这就是指针变量灵活的地方。如：

```
char *p3, str[10];
p3=&str[0];
⋮
p3=&str[1];
```

【程序 3.1】 分析下列程序的执行结果，仔细体会其区别所在。

```
#include <stdio.h>
main( )
{    int   x, y, *p, *q, t, *r;

     x = 100; y = 200;
     p = &x; q = &y;
     printf("x = %d y = %d *p = %d *q = %d\n", x, y, *p, *q);
     t = x; x = y; y=t;
     printf("x = %d y = %d *p = %d *q = %d\n", x, y, *p, *q);

     x = 100; y = 200;
     p = &x; q = &y;
     t = *p; *p = *q; *q = t;
     printf("x = %d y = %d *p = %d *q = %d\n", x, y, *p, *q);
```

```
        x = 100; y = 200;
        p = &x; q = &y;
        r = p; p = q; q = r;
        printf("x = %d y = %d *p = %d *q = %d\n", x, y, *p, *q);
    }
```

程序的执行结果为：

```
    x = 100 y = 200 *p = 100 *q = 200
    x = 200 y = 100 *p = 200 *q = 100
    x = 200 y = 100 *p = 200 *q = 100
    x = 100 y = 200 *p = 200 *q = 100
```

三次交换中各变量的存储内容变化情况如图 3.3 所示。

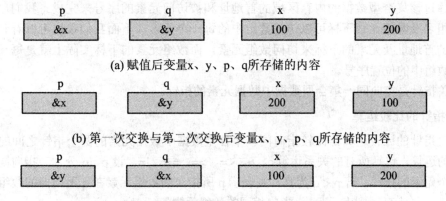

(a) 赋值后变量x、y、p、q所存储的内容

(b) 第一次交换与第二次交换后变量x、y、p、q所存储的内容

(c) 第三次交换后变量x、y、p、q所存储的内容

图 3.3　变量 p、q、x、y 存储内容的变化

从图中我们可以看出，第一次交换与第二次交换有相同的结果，都是对变量 x、y 的交换；而第三次交换则是对指针变量 p、q 值的交换，x、y 的值不变。

4. 注意事项

(1) 一个指针变量只能指向同一类型的变量。如：

```
    int a,*p;  float f;
    p=&a; /*正确*/
    p=&f; /*错误*/
```

(2) 定义指针变量后，在还未规定它指向哪一个变量之前，不应该对指针所指单元进行运算。只有在程序中用 & 赋值语句具体规定后，才能用 * 运算符访问所指向的变量。如：

```
    char *q,c;
    c=*q;   /*错误*/
```

(3) 注意 * 运算符的用法。如：

```
    int a ;
    int *p = &a; /* 定义指针变量时指定初值，是为 p 指定初值 */
    *p = 100; /* 给指针 p 所指向的变量赋值，这里是给变量 a 赋值 */
```

(4) 运算符 * 与 & 优先级相同，仅次于 () 运算符，按自右向左的方向结合。

(5) 注意区别以下概念：指针变量与指针变量所指的变量；指针变量的值和指针变量所指向的变量的值。例如，在图 3.2 中，指针变量是 p，它所指的变量是 i；指针变量的值是 2000，是一个地址，它所指向的变量的值是 10。

3.1.2　指针的基本运算

与指针相关的运算除取地址与引用目标运算外，还有相关指针的比较运算、指针与整数的加减运算及相关指针的减法运算。这些运算都是针对指向集合型数据中数据元素的指针应用的。

集合型数据是顺序存储在一个连续的存储空间中，并具有相同数据类型的数据元素组成的一个数据集合。集合型数据的典型例子就是数组，对集合型数据中任一数据元素的访问可以通过该集合型数据的内存区域的首地址和被访问元素的序号来完成。我们已经知道通过数组名及数组元素下标可以访问数组中的每一个元素，下面我们很快可以看到如何通过数组的首地址及元素的下标来访问数组元素，而数组元素的下标实际上就是每一个数组元素在数组中的位置序号。

相关指针是指向同一集合型数据中数据元素的指针。

1. 指针的比较运算

相关指针的比较运算是比较指向同一集合型数据中数据元素的两个指针之间的前后次序关系的运算，包括所有的关系运算<、>、<=、>=、==、!=。设 p、q 分别为指向同一数组中某两个元素的指针，若 p < q 为真，则表示 p 所指向的数组元素在 q 所指向的数组元素之前；而 p == q 为真，则表示 p、q 指向相同的数组元素。

两个相关指针用比较运算符连接的表达式同其他关系运算表达式一样，都是关系运算表达式，在 C 语言中都是整型表达式，关系成立时表达式计算结果为 1，否则为 0。

2. 指针与整数的加减运算

指针与整数的加减运算是 C 程序中最常见的一种指针算术运算。设 p 为指向一集合型数据中某一数据元素的指针，n 为一整数，则 p±n 为一指针表达式，其运算结果为相对于指针 p 所指向的数据元素位置的第后 n 个或前 n 个数据元素的首地址。例如：

```
int a[100], *p;
p = &a[50];
   ⋮
```

p + 20、p − 20、p + x*12 都是正确的指针表达式。这里，p + 20 的值为数组元素 a[70] 的首地址，p − 20 的值为数组元素 a[30] 的首地址，而 p + x*12 的值则取决于整型表达式 x*12 的计算结果。所以，C 编译程序在处理一个指针型数据加(减)一个整数这种指针表达式时，并不是简单地将指针加(减)这个整数，而是要将指针加上(减去)这整数个目标数据元素所占据的内存单元数目作为表达式的运算结果。例如，指向 char 类型目标的指针和指向 double 类型目标的指针，在程序中有同样的加(减)整数 n 表达式计算，而在编译程序实际处理时，表达式计算结果分别为加(减)整数 n 和整数 n*8，从这里我们也可以看出，不同类型的指针变量虽然占据相同数目的内存单元，但其参与表达式运算时一定具有不同的运算方式，从而具有不同的运算结果，否则我们也就没有必要去区分它们的数据类型了。

由于 p±n 为一指针表达式，因此其运算结果可以赋予同 p 指向相同目标类型的指针变量，而在实际编程中最常用到的是指针的增量运算，如 p++、p－－、++p、－－p 等。

3. 相关指针的减法运算

指针类型数据的另外一种运算是相关指针的减法运算。设 p、q 为相关指针，p－q 为一整型表达式，其绝对值表示 p 与 q 所指对象之间元素的个数，若 p 在 q 之后，则值为正整数，反之为负，若 p 与 q 指向同一对象，则值为 0。这里同样要特别注意，p－q 表示 p 与 q 之间数据元素的个数，而不是内存单元的个数，它实际上等于内存单元的个数除以每个元素所占据的内存单元数。

下面我们通过例子来看一下指针的这几种运算。

【程序 3.2】　用指针的方法来访问数组中的元素。

```
#include <stdio.h>
main( )
{    static int    a[10] = { 1,2,3,4,5,6,7,8,9,10 };
     int    i,  *p,  *q;

     p = &a[0];
     q = &a[10];
     for( i = 0; i < q - p; i++ ) printf("%d ", a[ i ]);
     for( i = 0; p + i < q; i++) printf("%d ", *( p + i ));
     for( ; p < q; p++) printf("%d ", *p);
}
```

思考：存在 a[10]吗？ a[10]的内容是什么？ q = &a[10]写法对吗？

【程序 3.3】　用指针的方法实现将数组中的元素颠倒存放。

```
#include <stdio.h>
main( )
{    static int    a[10] = { 1,2,3,4,5,6,7,8,9,10 };
      int    i,   t,   *p,  *q;

     for( i = 0; i < 10; i++)   printf("%d ", a[ i ] );
     p = &a[0];        q = &a[9];
     while( p < q ) {
          t = *p;      *p = *q;      *q=t;
          p++;q--;
     }
     printf ("\n");
     for( i = 0; i < 10; i++) printf("%d ", a[ i ] );
}
```

3.2　指 针 与 数 组

同其他基本数据类型一样，指针类型的数据有变量也有常量。在 C 语言中指针类型的常量基本上有三种形式：数组名、字符串常量、强制成指针类型的无符号整数。

指针可以指向数组或某个数组元素，当一个指针指向数组后，对数组元素的访问，既可以使用数组下标，也可以使用指针。

3.2.1　指针与一维数组

在 C 语言中指针与数组有着密切的关系，数组名实际上就是指针类型的数据，是指针常量。例如下面的定义中：

```
int    a[100], *p;
```
a 和 p 都是指针类型的数据，但是 a 是常量，p 是变量，也就是说我们可以为变量 p 赋值，但决不能为常量 a 赋值，表达式 a++、a= 是错误的，正如 10++、5= 是错误的一样。a 和 p 的另外一个区别在于，当它们被定义之后，a 指向一个能够存放 100 个 int 类型的数据的内存区域，而 p 在没有赋值之前则没有指向任何有意义的空间。除此以外，a 与 p 完全相同。

数组既然同指针是完全相同的数据类型，它们之间的运算就应该是通用的。实际上数组中通过下标访问元素的运算完全等价于指针的引用目标运算，即"[ ]"运算实际上是通过指针数据访问目标的另一种运算。我们前面讲过指针表达式与整数的加减运算，实际上有以下的等价关系成立：

　　　　(指针表达式)[n] = *(指针表达式 + n)

所以，我们完全可以像访问数组元素那样去访问指针所指向的目标，同样也可以像引用指针目标那样去访问数组元素。另外有一点需要说明的是，当函数中有指针类型的形式参数时，在定义时既可以定义成指针形式的参数类型，也可以定义成数组形式的参数类型，两者完全相同，都是指针类型的形式参数。

访问数组有 5 种方法，总结如下：

(1) 数组名[下标]。例如：

```
main ()
{
        int a[10];
        int i;
        for(i=0;i<10;i++)    scanf("%d", &a[i]);
        printf("\n");
        for(i=0;i<10;i++)    printf("%d ",a[i]);
}
```

(2) 数组名+下标。例如：

```
main ()
{
```

```
    int a[10];
    int i;
    for(i=0;i<10;i++)    scanf("%d", a+i);
    printf("\n");
    for(i=0;i<10;i++)    printf("%d ",*(a+i));
    }
```

(3) 指针法。例如：

```
    main ()
    {
    int a[10];
    int *p=a;
    for(p=a; p<(a+10); p++)    scanf("%d", p);
    printf("\n");
    for(p=a;p<(a+10);p++)        printf("%d ",*p);
    }
```

(4) 指针+下标。例如：

```
    main ()
    {
    int a[10];
    int *p=a, i;
    for(i=0;i<10;i++)    scanf("%d", p+i);
    printf("\n");
    for(i=0;i<10;i++)        printf("%d ",*(p+i));
    }
```

(5) 指针[下标]。例如：

```
    main ()
    {
    int a[10];
    int *p=a, i;
    for(i=0;i<10;i++)    scanf("%d", &p[i]);
    printf("\n");
    for(i=0;i<10;i++)        printf("%d ",p[i]);
    }
```

使用指针指向一维数组，应注意以下事项：

(1) 若指针 p 指向数组 a，虽然 p+i 与 a+i、*(p+i)与*(a+i)意义相同，但仍应注意 p 与 a 的区别：a 代表数组的首地址，是不变的；p 是一个指针变量，可以指向数组中的任何元素，如：

```
        for(p=a; a<(p+10); a++)    /*a 代表数组的首地址，是不变的, a++不合法 */
            printf("%d", *a)
```

(2) 指针变量可以指向数组中的任何元素，注意指针变量的当前值。

(3) 使用指针时，应特别注意避免指针访问越界。因编译器不能发现该问题，所以避免指针访问越界是程序员自己的责任。

【**程序 3.4**】 有 n 个人围成一圈，顺序排号。从第一个人开始报数(从 1 到 3 报数)，凡报到 3 退出圈子，问最后留下的是原来第几号的那位，请用指针完成。

```c
#include "stdio.h"
#define N 10


main()
{    int i,person[N],count,num;
     int *p=person;

     for(i=0;p<person+N;i++,p++)
          *p=i+1; /*为每个人编号，从 1 开始*/

     num=0; /*num 用来记录已经出圈的人数*/
     for(p=person;num<N-1;)
     {
          while(*p==0)   /*让 p 指向一个没有出圈的人*/
          {    p++;
               if(p>=person+N)   p=person;   /*循环，围成一个圈*/
          }

          count=1;
          while(count<3)
          {    p++;
               if(p>=person+N)   p=person;

               if(*p!=0)   count++;
          }

          printf("person %d come out.\n",*p);
          num++; *p=0;   /*出圈的人编号变为 0*/
     }
     /*寻找最后一个留下的人*/
     for(p=person;p<person+N;p++)
          if(*p!=0)
               printf("The last person is person %d",p-person+1);

}
```

通过程序 3.4，体会指针与一维数组的关系，以及使用指针时如何判断到达数组末尾。

3.2.2 指针与二维数组

C 语言按照行序为主序存储二维数组，也就是说先存储第 0 行数据，再存储第 1 行数据，依次类推，如图 3.4 所示。

图 3.4 二维数组存储方式

因此，利用指针变量的指向可以改变的优势，能够定义一个指针变量，让其依次指向二维数组的各个元素，对其进行操作。

【程序 3.5】 利用指针变量对二维数组进行操作。

```c
#include "stdio.h"
#define Row 2
#define Col 3
void main()
{    int a[Row][Col],i,j, *p;

     for(i=0;i<Row;i++)
          for(j=0;j<Col;j++)
               a[i][j]=i*Col+j+1;

     p=&a[0][0];
     for(;p<=&a[Row-1][Col-1];p++)    /*考虑能否写成  p<&a[Row][Col]*/
          printf("%d ",*p);

}
```

执行结果：

    1 2 3 4 5 6

程序 3.5 中，p=&a[0][0];是否可写成 p=a;呢？

下面我们进一步分析指针和二维数组的关系。为了说明问题，我们定义以下二维数组：

    int a[3][4]={{0,1,2,3}, {4,5,6,7}, {8,9,10,11}};

a 为二维数组名，此数组有 3 行 4 列，共 12 个元素。也可这样来理解，数组 a 由三个元素组成：a[0], a[1], a[2]。而它的每个元素又是一个一维数组，且都含有 4 个元素(相当于 4 列)。例如，a[0]所代表的一维数组所包含的 4 个元素为 a[0][0], a[0][1], a[0][2], a[0][3]。如图 3.5 所示。

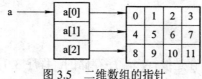

图 3.5 二维数组的指针

注意：a[0]、a[1]、a[2]实际上不存在，为了便于理解，图 3.5 中将其画出。

数组名 a：表示整个二维数组的首地址，也是元素 a[0][0]的地址，同时代表第一行元素的首地址。

a+1：表示第二行元素的首地址，也是元素 a[1][0]的地址。

a+2：表示第三行元素的首地址，也是元素 a[2][0]的地址。

如果此二维数组的首地址为 1000，由于第 0 行有 4 个整型元素，因此 a+1 为 1008, a+2 也就为 1016，如图 3.6 所示。

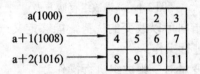

图 3.6　二维数组指针的地址

由于把 a[0]、a[1]、a[2]看成一维数组，它们代表各自数组的首地址，即：

  a[0] <=>&a[0][0] (<=>表示"等价")

  a[1] <=>&a[1][0]

  a[2] <=>&a[2][0]

另外，根据一维数组的表示方法，有：

  a[0]+1<=>&a[0][1]　 /* 表示一维数组中第二个元素的地址*/

  a[0]+2<=>&a[0][2]

  a[1]+1<=>&a[1][1];

也就是说 a[i]+j<=>&a[i][j]。

在二维数组中，我们还可用指针的形式来表示各元素的地址。a[0]与*(a+0)等价，a[1]与*(a+1)等价，因此 a[i]+j 就与*(a+i)+j 等价，它表示数组元素 a[i][j]的地址。

综上所述，在二维数组中，有：

  a[i][j] <=>*(a[i]+j) <=>*(*(a+i)+j)

  &a[i][j] <=>a[i]+j <=>*(a+i)+j

【程序 3.6】　用指针变量输出二维数组中的值。

```
main ()
{ static int a[3][4] = {1,3,5,7,9,11,13,15,17,19,21,23};
    int *p;

    for(p=a[0]; p<a[0]+12; p++)
    { if ( (p-a[0])%4 == 0) printf("\n");
        printf("%4d", *p);
    }
}
```

C 语言中，二维数组在内存是按行序顺序存储的。程序 3.6 用指针顺序访问二维数组的元素。若需访问二维数组 a[n][m](n 行 m 列)的某个元素 a[i][j]，计算该元素的相对位置公式为：

      i*m+j (i,j=0,1,2,…)

这种方法相当于把二维数组转化为一维数组来使用。此时有：

      &a[i][j] <=>&a[0][0]+4*i+j <=>a[0]+4*i+j   //不可以写成 a+4*i+j

另外，要补充说明一下，如果编写一个程序输出打印 a 和*a，可以发现它们的值是相同的，这是为什么呢？我们可以这样来理解：首先，为了说明问题，我们把二维数组人为地看成是由三个数组元素 a[0]，a[1]，a[2]组成的，将 a[0]，a[1]，a[2]看成是数组名，它们又分别是由 4 个元素组成的一维数组。因此，a 表示数组第 0 行的地址，而*a 即为 a[0]，它是数组名，当然还是地址，也就是数组第 0 行第 0 列元素的地址。

虽然用指针可以访问二维数组，但程序会变得比较难以理解。比如：访问第 i 行，第 j 列的元素，如果用指针，可能写成：

      p= a[i]+j   /*或 p=*(a+i)+j*/

然后用 p 对其进行操作，这样做没有直接用下标 a[i][j]直观。因此，在不要求编译速度的情况下，一般建议直接用下标对数组元素进行操作，这样做不但简单、可读性好，而且不易出错。

3.2.3 指向一个由 n 个元素所组成的数组指针

在 TC 中，可定义如下的指针变量：

      int (*p)[3];

即指针 p 为指向一个由 3 个元素所组成的整型数组指针。在该定义中，圆括号是不能少的，否则它是指针数组，这将在后面介绍。这种数组的指针不同于前面介绍的整型指针。当整型指针指向一个整型数组的元素时，进行指针(地址)加 1 运算，表示指向数组的下一个元素，此时地址值增加了 2(因为放大因子为 2)。而如上所定义的指向一个由 3 个元素组成的数组指针，进行地址加 1 运算时，其地址值增加了 6(放大因子为 $2 \times 3 = 6$)。这种数组指针在 Turbo C 中用得较少，但在处理二维数组时还是很方便的。例如：

      int a[3][4], (*p)[4];

      p=a;

开始时 p 指向二维数组第 0 行，当进行 p + 1 运算时，根据地址运算规则，此时放大因子为 $4 \times 2 = 8$，所以此时正好指向二维数组的第 1 行。和二维数组元素地址计算的规则一样，*p + 1 指向 a[0][1]，*(p+i)+j 则指向数组元素 a[i][j]。

【程序 3.7】 数组指针示例。

```
int a[3] [4]={ {1,3,5,7}, {9,11,13,15}, {17,19,21,23} };
main()
{
int i,(*b)[4];
b=a+1;      /* b 指向二维数组的第 1 行,此时*b[0]或**b 是 a[1][0] */
for(i=1;i<=4;b=b[0]+2,i++)    /* 修改 b 的指向, 每次增加 2 */
        printf("%d\t",*b[0]);
printf("\n");
```

```
        for (i=0; i<2; i++)
        {   b=a+i;        /* 修改 b 的指向，每次跳过二维数组的一行 */
            printf("%d\t",*(b[i]+1));
        }
        printf ("\n");
    }
```

程序运行结果如下：

```
    9   13  17  21
    3   11  19
```

3.2.4　指针数组

数组元素可以是基本类型，也可以是指针。用来存储指针型数据的数组就称为指针数组。指针数组中每个元素都是指向同一数据类型的指针。指针数组的定义形式如下：

　　　类型　　　*数组名[整常量表达式];

例如：

```
    char *str[10];
    int  *a[20]; /* 切记：str[i]，a[i]中存放的均是地址。*/
```

同前面所引入的概念一致，这里的数组名仍然是一指针常量，它所指向的目标是指针型数据，而这个指针型数据的目标又是指向其他基本类型数据的指针，所以指针数组名是指向指针类型数据的指针，我们称它为指针的指针。

指针数组用途比较多，在此我们以处理多个字符串为例，说明其方便之处。由于指针数组的每一个元素实际上都是指向另一个数据的指针，因此，可以将不同长度的字符串首地址分别放入指针数组的每一个元素中，然后再对这些字符串一一处理。

例如，在一个简单的图书管理系统中，为了存储 5 本书，假设书名最长为 128 个字符。如果没有指针数组，需要采用二维数组来存放书名：

　　　char name[5][128];

当书名小于 128 个字符时，会造成空间浪费，如图 3.6(a)所示。而有了指针数组后，可以这样定义：

　　　char *book_name[5];

书名有多长，就申请多大的空间来存储，以便充分利用空间，如图 3.7(b)所示。

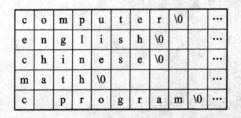

(a) 字符型二维数组

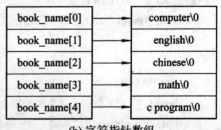

(b) 字符指针数组

图 3.7　字符二维数组与指针数组

【程序 3.8】 指针数组。

```
#include "string.h"
main()
{
    char *book_name[5],temp[128];
    for(i=0;i<5;i++)
    {
        scanf("%s",temp); /*将书名先存放到一个临时数组中*/
        len=strlen(temp); /*计算书名的大小*/
        /*申请 len+1 长度大小的空间，为'\0'预留空间*/
        book_name[i]=(char*)malloc( sizeof(char)*(len+1) );
        strcpy(book_name[i],temp);
    }
}
```

malloc 函数的详细用法请参见 3.6 节。

3.2.5 指针的指针

指针数组名是指针常量，那么我们如何定义指针的指针类型的变量呢？可以按照下面的形式来定义：

类型区分符 **变量名;

根据我们前面所学的知识，当我们需要通过函数参数返回指针型数据时，我们要传入该指针型数据的地址，实际上就是指针的指针，而在函数中我们要将返回的结果存入该指针所指向的目标，这是对指针的指针类型数据的一个典型应用。另外，指针的指针类型数据也是处理字符串集合的一个基本存储结构，处理时我们需要将每一个字符串的首地址存储在指针数组中的每个元素中，然后通过这个指针数组就可以访问到所有的字符串。下面我们通过一个例子来看一下这方面的应用。

【程序 3.9】 输入 10 个字符串，按字典序对字符串排序并输出。

```
#include <string.h>
void   sort( char   *Str[], int   n)
{   int   i, j;
    char  *t;

    for( i = 0; i < n-1; i++ )
        for ( j = 0; j < n-1-i; j++ )
            if( strcmp(Str [ j ], Str [ j+1 ] ) > 0 )
            { t = Str [ j ]; Str [ j ] = Str [ j+1 ]; Str [ j+1 ] = t; }
}
main( )
{   char   *str[10];
```

```
        int    i;

        for ( i=0; i<10; i++) scanf("%s", str[ i ]);
        sort ( str, 10 );
        for ( i=0; i<10; i++) printf("%s\n", str[ i ]);
    }
```

本程序中用到了冒泡排序算法，另外还用到了 C 标准库函数中的字符串比较函数
strcmp，该函数根据参数中给定的两个字符串，按照字典序，通过返回整型值–1、0、+1 来
表示这两个字符串之间的小于、等于、大于关系。

请思考：str[i]中存放的是什么？输入的字符串存储在什么地方？这样做合理吗？如果不
合理，应该如何改进？

3.3   指针与字符串

C 语言本身没有字符串数据类型，要实现字符串，有两种方式：字符数组与字符指针。

3.3.1   字符数组与字符串的区别

看下面的例子：

```
    char str[5]={ 'c', 'h', 'i', 'n', 'a' };
    char name[]="china";
```

其中，str 与 name 都是字符数组，str 的大小是 5，但 name 的大小是 6，它们的内存形式
如下：

str:	c	h	i	n	a

name:	c	h	i	n	a	\0

此时，name 可以称做字符串，因为它是以 '\0' 结尾的。只要以 '\0' 结尾的我们就可以称
其为字符串。

3.3.2   实现字符串

1. 采用字符数组实现字符串

字符串变量可以用字符数组来实现，在声明的时候进行初始化。比如：

```
    char str1[6]= "china";   /* 等价于 char str1[ ] ={'c','h','i','n','a'}; */
```

编译器把字符串"china"中的字符复制到字符数组 str1 中，同时在最后放置一个 '\0'，以
使 str1 能作为字符串使用。其内存形式如下：

c	h	i	n	a	\0

那么，当字符串没有放满字符数组时，空余的单元放什么呢？比如：

```
    char str2[10]= "china";
```

此时，编译器会自动添加 '\0'，即 str2 的内存形式如下：

c	h	i	n	A	\0	\0	\0	\0	\0

如果字符串长度大于字符数组长度，又如何存储呢？比如：

　　　　char str3[5]= "I love C!";

此时 str3 的内存形式如下：

I		l	o	v

可以看出，str3 已经不能称其为字符串了，只能是字符数组，而且有部分字符丢失。因此，在用字符数组实现字符串时，一定要注意字符数组的大小，还要记得为 '\0' 留个空间。

一种可取的方式是不指定字符数组的大小，而是让编译器自己计算。比如：

　　　　char str4[]="I love C!";

此时编译器自动计算字符串长度，为 str4 分配 10 个空间。其内存形式为：

I		l	o	v	e		c	!	\0

注意事项：

(1) 不要误认为是字符数组，其长度就可以改变，因为一旦程序编译后，字符数组的长度就不能变动了。

(2) 由于数组可以用下标访问，也可以用指针访问，因此，对于 str4 数组，str[4]表示一个元素，其值是字符 'v'，也可以用*(str4+4)来访问，str4+4 是指向字符 'v' 的指针。

(3) 数组名是常量，因此，初始化后不能再对其进行赋值。比如：

　　　　char str5[20]="I love C!";

　　　　str5="I love China!";　 /*错误，给一个常量赋值显然是错误的。*/

可采用字符串拷贝方式给一个字符数组重新赋值。如：

　　　　strcpy(str5,"I love China! ");

此时一定要注意字符数组的大小要能容纳新的字符串。

【程序 3.10】 分析下面程序的输出结果。

```
main()
{ char str[5]={ 'c', 'h', 'i', 'n', 'a'};
    printf("%s\n",str);
}
```

2. 用字符指针实现字符串。

【程序 3.11】 用字符指针实现字符串(如图 3.8 所示)。

```
main()
{ char *pstr ="I love China!";
    printf("%s\n",pstr);
}
```

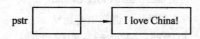

图 3.8　用字符指针实现的字符串

pstr 是一个指针变量，"I love China!" 是一个字符串常量。语句：

    char *pstr = "I love China!";

等价于

    char * pstr;

    pstr = "I love China!";

即把字符串常量的首地址赋给指针 pstr，而不能理解为把字符串常量赋给指针变量，即

    *pstr ="I love China!";　/*错误*/

注意事项：

(1) pstr 是指针变量，存放一个内存地址，因此可以给它赋一个地址。如：

    pstr="abcde"; /*将字符串常量的首地址赋给 s */

(2) 指针变量在没有明确的指向之前，不要对其进行操作，以免造成严重后果。如：

    char *pstr1;

    scanf("%s",pstr1); /*不出错，会有警告，尽量避免*/

    pstr1[0]='a';　/*警告*/

字符数组与字符指针变量的比较如表 3.1 所示。

表 3.1　字符数组与字符指针变量的比较

属　　性	字　符　数　组	字符指针变量
组成	由若干元素组成，每个元素中放一个字符	2 或 4 个字节，存放字符串首地址
赋初值	char str[]="I love China! ";	char *pstr="I love China! ";

赋值	char str[14];
	str = "I love China! "; // 错
	strcpy(str, "I love China! "); //正确
		char *pstr;
		pstr = "I love China! "; //正确

占用内存	字符数组一个元素占一个字节，编译时分配空间	指针变量中可放一个地址值，编译时不分配空间

输入	scanf("%s",str); /* 正确*/	scanf("%s",pstr);/*警告*/
		/*下面语句正确，但要注意输入的字符串长度不能超过 9*/
		pstr=(char*)malloc(sizeof(10));
		scanf("%s",pstr);

3.3.3　字符串的输入/输出

1. 字符串的输出

使用 printf()和 puts()可以轻松地完成字符串的输出。如：

    char str[]="I love China! "; /*或 char *str="I love China! "*/

    printf("%s",str); /*str 为字符串首地址，遇到 '\0'停止*/

puts 较 printf 简单一些，只需要一个参数，即字符串首地址。另一个差别是使用 puts 将字符串输出后会自动添加一个换行符，而 printf 是要显式添加的。

2. 字符串的输入

与字符串输入相关的有 scanf()和 gets()，两者差别较大。

```
char str[10];

scanf("%s",str);
```

用 scanf()输入字符串时，不需要在 str 前添加&符号，因为 str 是数组名，编译器会自动将其按地址对待。需要强调的是，scanf()会跳过空格字符，然后读入字符，直到遇到一个空格字符或换行符，并自动在字符串末尾添加 '\0'。也就是说，通过 scanf()读入的字符串是不会含有空格字符和换行符的。

为了能读入空格字符，需要使用 gets 函数。gets 函数不会跳过一开始的空格字符，并且直到遇到一个换行符时才停止输入。下面的例子可以说明两者的区别。

```
char str[100];

printf("enter a string:\n");

scanf("%s",str);

puts(str);
```

执行时，如果在提示语句后面输入：

I'm a chinese!

那么输出结果是：

I'm

如果将 scanf 换为：

gets(str);

同样的输入，得到的执行结果是：

I'm a chinese!

需要指出的是：二者都不对长度进行检查，当输入的字符串长度大于数组长度时，会导致程序结果执行的异常，因此，需要程序员在编写程序时考虑长度的限制。

3. 逐个字符的字符串输入

可以看出，scanf()和 gets()都不够灵活，因此，我们往往需要编写自己的字符串输入函数。一般通过逐个读入字符来读入字符串。在编写自己的字符串输入函数之前，请仔细考虑以下几个问题：

(1) 开始的空格字符是否需要跳过？

(2) 什么时候中止字符串读写？

(3) 如果字符串太长无法存储，应该怎么办？

下面给出一个输入字符构成字符串的函数。该函数跳过开始的空格，但读入中间的空格；遇到字符 '#' 结束；当字符串太长时，忽略多余的字符，并返回成功读入字符的个数，也就是字符串的长度。

【程序 3.12】 读入字符构成字符串。

```
int readStr(char str[],int n)
{char ch;
 int i=0;
```

```
        ch=getchar();
        while(ch==' ')          ch=getchar(); /*忽略开始的空格字符*/

        while(ch!='#' && i<n-1)
        {    str[i++]=ch;
             ch=getchar();
        }

        str[i]='\0';   /*最后一定要自己加上 '\0' 表示字符串尾*/
        return i;
        }


         main()
        {char ss[20];
         readStr(ss,20);
         puts(ss);
         }
```

有关更多字符串操作的函数请查看附录 C。

3.4　指针与函数

3.4.1　指针作为函数参数

指针在函数中最常见的用途是作为函数的形式参数，并在函数被调用后通过参数返值。根据前面我们所学的知识，C 语言中调用函数时，实参替换形参的过程是一个单向的传值过程，在编译技术中称为值传递方式，也就是将形参的值传递给实参。值传递方式的优点是实现简单，且在实参中可以使用表达式，而最大的缺点是被调用函数不能通过参数向调用函数返值。与值传递方式相对应的是另一种称为地址传递的参数替代方式，它将形参的地址传递给实参，它的优缺点正好同值传递方式相反。

大部分高级语言采用后一种方式，也有的语言如 Pascal 语言采用两种方式共存的方法，但在 C 语言中由于设有专门的地址类型的数据，因此为了简化语言的实现，只采用第一种方式，若需要通过参数带回值，则可以为函数显式地定义指针类型的参数，并在调用该函数时将希望存储返回值的目标单元的地址通过指针参数传入函数，而被调用函数则可以通过传入的指针参数间接地引用它所指向的调用函数中的目标单元，从而实现向调用函数指定的目标变量返值的过程。

1. 基本数据类型指针作为函数参数

下面的例子较好地说明了这一方法的原理。

设有一函数定义如下：

```
swap(int   x, int   y)
{    int   t;
     t = x;   x = y;   y = t;
}
```

当我们用实参 a、b 两个变量调用该函数 swap(a, b)后会发现，a、b 的值同调用前相比没有任何变化，swap 函数没有实现交换的功能，这正是值传递方式所造成的结果。实际上 swap 函数确实执行交换了，只不过它交换的不是调用函数的 a、b 变量，而是它自己的 x、y 变量，x、y 变量是 swap 函数的形式参数，也是它的局部动态量，当 swap 执行结束后它们就不复存在了，所以 swap 函数没有为调用函数留下任何痕迹。为了实现对调用该函数 a、b 变量的交换，我们可以将 swap 函数的定义改进如下：

```
swap( int   *x, int   *y)
{    int   t;
     t = *x; *x = *y; *y = t;
}
```

在调用该函数时需传入 a、b 变量的地址而不是 a、b 变量本身，亦即 swap(&a, &b)，执行后会发现 a、b 的值被交换了。此时执行的 swap 函数调用，其参数的传递仍然是值传递方式，只不过此时传入的值不再是 a、b 变量自己的值，而是它们的地址，在 swap 函数中通过对该地址所指向目标的引用，可以改变 a、b 变量的值，从而实现被调用函数将值返回到调用函数所指定的变量中去。

在通过函数参数返值时，一定要遵循调用者传入实参变量的地址，被调用者引用该地址所指向的目标这一规律。例如对上例中 swap 函数的定义改变如下：

```
swap( int   *x, int   *y)
{    int   *t;
     t = x; x = y;y = t;

}
```

其他方面不作任何改变，调用函数时仍然传入 a、b 变量的地址，亦即 swap(&a, &b)，执行后会发现 swap 没有交换 a、b 变量的值。仔细分析后会发现，此时虽然传入的仍是调用函数的目标变量 a、b 的地址，但在被调用函数 swap 中并没有对该地址所指向的目标进行引用，而是直接对其局部动态量 x、y 变量交换。同第一个例子相同，当 swap 函数执行结束后，x、y 变量就不复存在了，所以 swap 函数没有为调用函数留下任何痕迹。

通俗地说，参数传递时，如果传指针，只能改变指针所指单元的内容，不能改变指针的指向，即指针变量本身的值。也就是说，调用子函数前，指针指向谁，调用后，指针仍旧指向谁。

【程序 3.13】 用函数参数返回指定数组中最大、最小元素的值及其位置。

```
main( )
{    static int    a[10] = { 1,2,3,4,5,6,7,8,9,10 };
     int    max, min, max_pos, min_pos;
     cal_mm(a, 10, &max, &max_pos, &min, &min_pos);

}
```

```
cal_mm( int x[ ], int n, int *a, int *apos, int *b, int *bpos)
{    int   i;
     *a = *b = a[0] ;*apos = *bpos =0;
     for( i = 1; i < n; i++ )
         if( x[ i ] > *a)          {*a = x[ i ]; *apos = i; }
         else if( x[ i ] < *b)     {*b = x[ i ]; *bpos = i; }
}
```

可以看出，指针作为函数参数，可以改变指针所指单元的内容。如果不希望在函数中对指针所指单元的内容进行改变，可用 const 关键字加以保护。如：

```
void fun(const int *p)
{
     *p=0;   /*错误*/
}
```

2. 数组名作为函数参数

数组名代表数组首地址，因此，在函数调用时，它作实参是把数组首地址传送给形参。这样，实参数组和形参数组共占同一段内存区域，因此在函数调用后，实参数组的元素值可能会发生变化。

【程序 3.14】 将数组中的元素按相反顺序存放(形参为数组)。

```
void inv(int x[], int n) /* 形参是数组 */
{
    int t,i=0,j=n-1;
    for(; i<j; i++,j--)
        { t = a[i]; a[i] = a[j]; a[j] = t; }
}
main ()
{ int i, a[10] = {3,7,9,11,0,6,7,5,4,2};
    printf("the original array:\n");
    for(i=0; i<10; i++)   printf("%d ", a[i]);
    printf("\n");
    inv(a,10);
    printf("the array hans been inverted:\n");
    for(i=0; i<10; i++)
        printf("%d ", a[i]);
    printf("\n");
}
```

【程序 3.15】 将数组中的元素按相反顺序存放(形参为指针)。

```
void   inv(int *x, int n)
{
    int *p=x, *q=x+n-1,t ; /* p 指向 x 数组的第一个元素；q 指向最后一个元素*/
```

```
        for(;  p<q;  p++，q--)
            { t = *p; *p = *q; *q = t; }
    }
    main ()
    { int i, a[10] = {3,7,9,11,0,6,7,5,4,2};
        printf("the original array:\n");
        for(i=0; i<10; i++)    printf("%d ", a[i]);
        printf("\n");
        inv(a,10);
        printf("the array hans been inverted:\n");
        for(i=0; i<10; i++)
            printf("%d ", a[i]);
        printf("\n");
    }
```

　　数组名作函数的参数时，实参和形参之间传送数组的首地址。首地址可以用指针表示，也可以用数组名表示，因此，实参和形参有表 3.2 中的四种组合情况。

表 3.2　函数中形参与实参的组合

实　参	形　参
数组名	数组名
数组名	指针
指针	指针
指针	数组名

3.4.2　指针作为函数返回值

　　指针类型的数据除了可以作为函数的形参外，还可以作为函数的返回值类型。返回指针类型数据的函数的定义一般如下：

```
        类型区分符      *函数名([ 形参定义 ])
        {
                  ⋮
              函数体
                  ⋮
        }
```

　　函数名前面的 * 号表示函数返回指针类型的数据；类型区分符则表示函数返回的指针所指向目标的类型。函数体中用 return(指针表达式)语句返回指针表达式计算的指针数据，指针表达式所指向目标的类型要同函数头中的类型区分符所表示的类型相同。

　　不要试图返回一个指向局部变量的指针，如：

```
        int *fun( )
        {
```

```
        int a;
        ⋮
        return &a;

    }
```

因为一旦函数 fun 结束，变量 a 就不存在了，返回其地址将是无效的。

在标准 C 语言的函数库中，有一个非常有用的函数——malloc 函数，用来申请指定字节数的内存空间。该函数就是一个返回指针类型数据的函数，其说明如下：

```
    void    *malloc( unsigned    size);
```

调用 malloc 函数时，通过参数 size 指定所需申请的空间的字节数，通过函数的返回值得到所申请的空间的首地址。返回 0 指针时(通常用符号常量 NULL 表示)则表示申请失败。通常在系统所剩余的内存不足以满足所要求空间的情况下，函数返回 NULL 指针。malloc函数所返回的值是 void 的地址值，我们在实际编程过程中可以通过强制类型转换将该值强制转换成我们所要求的指针类型，然后将它赋予同样类型的指针变量，以后就可以通过该指针变量按照我们所定义的类型实现对其所指向的目标元素的访问。例如下面的例子：

```
    double    *p;
        ⋮

    p = (double *) malloc( 10*sizeof( double ) );
```

其中，sizeof 运算符计算出每一个 double 型数据所占据的单元数，如果 p 得到的返回值为非NULL 的指针，我们就得到能连续存放 10 个 double 型数据的内存空间，可以通过指针表达式 p，p + 1，…，p + 9，按照 double 类型的数据对所申请到的空间中的每个数据元素进行访问。从这一例子中我们还可以看出，C 语言中指针的类型非常重要，它决定着对它所指向的存储区域的使用方式。就好像盲人用的写字板，对于同样一张白纸，不同行宽、行距的写字板将导致写在纸上的字体大小及行数的不同，而存储空间则正像是这张将要被写入内容的白纸。

与 malloc 函数配对使用的另一个函数是 free 函数，其说明如下：

```
    void    free( char    *p )
```

该函数用来释放由 malloc 函数申请的内存空间，被释放的空间可以被 malloc 函数在下一次申请时继续使用。其中参数 p 指向将要被释放的空间。

当通过指针访问它所指向的目标时，一定要注意该指针是否已指向有意义的目标，特别是在对指针所指向的目标进行写操作时，如超出指针所指存储区域的范围，就会导致程序执行的混乱，而这种错误属于动态语意错误，只有在程序执行时才能发现，在编译过程中是无法发现的。例如下面的例子：

```
    char    *one_fun( )
    {    char    s[10],    *p;



        p = &s[0];
        return ( p );

    }
```

one_fun 函数返回指向其局部动态数组 s 首地址的指针，但由于 s 是局部动态量，因此当 one_fun 函数执行完后，s 已不复存在，所以它返回的指针也就指向无意义的目标，在这种情况下对这一目标中任意元素进行写操作都会导致程序执行的混乱。类似的情况还有很多。C 语言正是由于引入了指针才具有如此灵活的特性，而灵活本身又是最容易导致错误的根源之一，我们只有十分小心才能避免这些错误的发生。在这个例子中我们只需要将数组 s 的存储类型改为静态类型就可避免类似的错误。下面我们通过一个简化版本的 malloc 和 free 函数的实现例子来结束这一小节的内容。

【程序 3.16】 malloc、free 函数的简化版本的实现。

```
#define      ALLOCSIZE      10000
static    char      allocbuf[ALLOCSIZE];
static    char      *allocp = &allocbuf[0];
char     *alloc( int    n )
{     if( allocbuf + ALLOCSIZE – allocp >= n )
      {      allocp += n;
             return ( allocp – n );
      }
   else      return( (char *) 0 );
}


void      afree( char    *p )
{     if ( p >= allocbuf && p < allocbuf + ALLOCSIZE )
                 allocp = p;
}
```

3.4.3 带参数的 main 函数

在此之前，我们学到的 main 函数都不带参数，因此 main 后的括号都是空括号。实际上，main 函数是可以带参数的。

main 函数的参数只能有两个，习惯上 main 函数的函数头应写为：

    main (int argc,char *argv[])

由于 main 函数不能被其他函数调用，因此不可能在程序内部取得形参的实际值。因此，要执行带参数的 main 函数的源程序，必须在命令提示符下键入文件名，再输入实际参数，这时操作系统就把这些实参传送到 main 的形参中去。在命令提示符下执行的一般形式为：

    C:\>可执行文件名　参数　参数···↙

此时要注意以下两点：

(1) 源代码编译、连接完后，生成的可执行文件默认在 TC 目录下，因此，执行时需要首先进入 TC 目录：

    C:\TC>可执行文件名　参数　参数···↙

或

    C:\>C:\TC\可执行文件名　参数　参数···↙

具体的可执行文件存在什么地方与 TC 环境路径设置中的"Output directories"有关。

(2) main 的两个形参和命令行中的参数在位置上不是一一对应的。因为 main 的形参只有两个，而命令行中的参数个数原则上未加限制。argc 参数表示了命令行中参数的个数(注意：文件名本身也算一个参数)，其值是在输入命令行时由系统按实际参数的个数自动赋予的。

【程序 3.17】 带参数的 main 函数。

```
main(int argc, char *argv[])
{
    while(argc>1)
    {
        ++argv;
        printf("%s\n",*argv);
        --argc;
    }
    getch();
}
```

假设该程序存放在 C 根目录下，命名为 test.c。"Output directories" 设置为 C:\Temp。编译、连接后，按如下执行：

　　　　C:\Temp>Test China　Beijing Xi'an↙

此时，argc 的值为 4，字符指针数组 argv 的内容如图 3.9 所示。

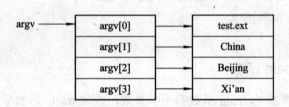

图 3.9　argv 数组中的内容

思考：argv 是数组名，++argv;可以吗？回答是可以的。因为数组名在作函数参数的时候会退化成一个指针，如程序 3.18 所示。

【程序 3.18】 形参的数组名退化为指针。

```
void fun(int a[],int n)
{ int i=0;
  for(i=0;i<n;i++)
  { printf("%d",*a);   a++; }   /*  a++是可以的   */
}


main()
{ int b[5]={1,2,3,4,5};
  fun(b,5);
```

```
        getch();
    }
```

【程序 3.19】 从命令行输入若干字符串，排序后输出。

```
    void sort(char *s[ ],int n)
    {
            int i, j;
            char *t;
            for(i = 1; i < n-1; i++ )
             for ( j = 1; j < n-i; j++ )
             if( strcmp( s[ j], s[ j+1] ) > 0 )
             {  t=s[j]; s[j]=s[j+1];s[j+1]=t; }
    }

    main(int argc, char *argv[])
    {   int i;
        sort(argv,argc);
        for(i=1;i<argc;i++)
            printf("%s\n",argv[i]);
        getch();
    }
```

3.4.4　指向函数的指针

C 语言中，函数本身不是变量，但函数名与数组名相似，也是一个地址值，即一个可执行程序段的首地址，所以我们可以定义一种指向函数的指针，可以对这种指针进行各种各样的类似于对数据的处理，例如赋值、作为函数的形式参数、被函数返回等，也可以执行它所指向的函数。

函数的类型由其返回值类型决定，所以指向函数的指针也有类型之分，它实际上表示所指函数的返回类型。另外同指向数据的指针一样，指向函数的指针也有常量与变量之分，常量就是我们在程序中已定义的函数名，而变量则需要我们通过定义语句定义之后才能使用。函数指针变量定义的格式如下：

        类型区分符　　　(*指针变量名)(形参类型);

类型区分符说明函数指针变量所指函数的返回值类型。注意，将标识符括起来的括号是不能少的，否则的话该语句就成为对函数的说明语句了。另外，仅当形参类型是 int 时，可以省略形参类型，一般不要省略。例如：

```
    int    (*fun)( );
    int    max( ), min( );  /*函数说明*/
    ⋮
    fun = max;
    ⋮
```

```
fun = min;
```

该例中 fun 为一函数指针变量，而 max、min 为两个函数，第一条语句是对函数指针变量的定义，而第二条语句只是对 max 和 min 两个函数的说明，两者是有严格区分的。我们可以为 fun 变量赋值，例如程序中我们将 max 和 min 分别赋给 fun，而 max、min 是两个常量，只能引用不能赋值，这里的引用即为函数调用。通过函数指针变量调用函数的语法格式为：

　　(*函数指针变量名)(参数列表);

如上例中对 fun 变量所指函数的调用(*fun)(a, b)。这里我们假定 max、min 函数有两个形式参数，在实际应用中通过函数指针变量调用函数时，所传入的参数个数及类型要完全符合它所指向的函数。另外有一点需要说明的是，当我们要将程序中已定义过的函数名作为常量传给某一函数指针变量时(例如在本例中的赋值操作，还包括将函数名作为参数传给另一个函数的情况)，除非该函数是在本文件中这个赋值操作之前被定义过的函数，否则就必须经过说明后方能执行这种操作。实际上我们在编程过程中遇到的很多情况都是这样的：要传给函数指针变量的函数名是在其他程序文件中定义的，或者是在本文件中这一传值操作之后定义的，那么就必须先说明后用。

【程序 3.20】 设一个函数 process，在调用它时每次实现不同的功能。输入 a 和 b 两个数，第一次调用 process 时求出 a、b 之间的最大者，第二次调用时求出最小者，第三次求两者之和。

```
#include <stdio.h>
int     process();
int max();
int min();
int add();
main( )
{     int    a, b;

      printf("enter a and b firstly: ");
      scanf("%d, %d", &a, &b);
      printf(" process( %d, %d ) is %d\n", a, b, process( max, a, b ));
      printf("enter a and b secondly: ");
      scanf("%d, %d", &a, &b);

      printf(" process( %d, %d ) is %d\n", a, b, process( min, a, b ));
      printf("enter a and b thirdly: ");
      scanf("%d, %d", &a, &b);
      printf(" process( %d, %d ) is %d\n", a, b, process( add, a, b ));
}
int     process( int (*f)( ), int x, int y )
{     int n;
```

```
            n = (*f)( x, y );
            return ( n );
        }
    int max( int x, int y )
    {   return ( x > y? x: y ); }

    int min( int x, int y )
    {   return ( x < y? x: y );}

    int max( int x, int y )
    {     return ( x+y);    }
```

3.5　指针与结构体

3.5.1　结构体指针

　　一个结构体变量的指针就是该结构体变量所占据的内存段的起始地址。可以设一个指针变量，用来指向一个结构体变量。例如：

```
    typedef struct teacher{
        char num[18];
        char    name[20];
        char    sex;
        char    profession[16];
        char    addr[30];
    }Teacher;
    main()
    {   Teacher t1={"610113701023101","Wang wei", 'T', "docotor",    "Xi′an"};
        Teacher t2={"610104580518371","Li dong",  'F', "professor",   "Xi′an"};
        Teacher  *pt1;
        pt1=&t2;
        ⋮
    }
```

　　结构体指针通过指向运算符->引用结构体中的成员。如：

```
    pt1->num; pt1->name；pt1->sex;
```

3.5.2　指向结构体数组的指针

　　当一个结构体指针定义好后，它就可以被赋值而指向一个结构体变量或结构体数组。结构体指针的运算同一般指针的运算一样，如加 1 或减 1，但加 1(或减 1)是使指针指向下一个(或上一个)结构体变量(如果存在的话)。例如：

```
struct date{
        int year;
        int month;
        int day;
};
struct   point{
    int x;
    int y;
};
main()
{    struct date    d1,d2,*pd;
     struct point    b1,b2[20],*pb;
     pd=&d2;
     pb=b2;
        ⋮
}
```

该例中定义了两个指针变量 pd 和 pb，同时给这两个指针变量也赋了值(pd 指向结构体变量 d2，pb 指向结构体数组 b2)。如果在程序中有"pd++;"语句，则指针 pd 指向了结构体变量 d2 所占存储空间之后，见图 3.10(a)。而如果在程序中有"pb++;"语句，则指针 pb 指向了结构体数组 b2 的 b2[1]元素，见图 3.10(b)。

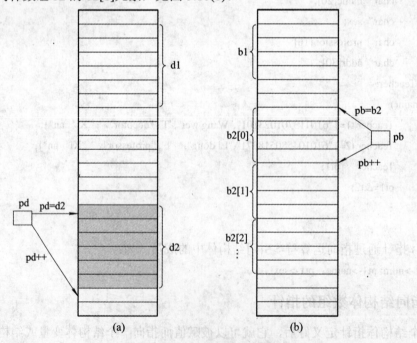

图 3.10　结构体指针变量运算示意图

从结构体指针变量运算示意图(图 3.10)可以看出，一个结构体指针所指向的结构体变量必须与它定义时所规定的结构体类型一致，否则在指针运算时将会出错。例如：如果有"pd=b2；"语句，则指针 pd 指向了结构体数组 b2 所占存储空间的开始(即指向 b2[0])。此时如果再有"pd++；"语句，则指针 pd 不会指向 b2[1]，而是指向 b2[1].y。为什么请读者自己分析。

```
pb=b2;
pb->x; /*引用 b2[0].x*/
pb++;
pb->x; /*引用 b2[1].x*/
```

【程序 3.21】　有 4 个学生，每个学生信息包括学号、姓名和成绩。要求找出成绩最高者的姓名和成绩。

```
#include "stdio.h"
struct student {
    int num;          /* 学号 */
    char name[20]; /* 姓名   */
    float score;     /* 成绩 */
};
main()
{   struct student stu[4]; /* 4 个学生 */
    struct student *p;
    int i;
    int temp = 0; /*   成绩最高者在数组中的序号，0～3 */
    float max; /*  最高成绩 */
    for(i=0; i<4; i++) /* 输入 4 个学生的学号、姓名、成绩 */
        scanf("%d%s%f", &stu[i].num, stu[i].name, &stu[i].score);

    for(max=stu[0].score, i=1; i<4; i++) /* stu[0]已赋给 max */
    {   if (stu[i].score > max)
        {   max = stu[i].score;
            temp = i;
        }
    }
    p = stu + temp; /* p 指向成绩最高的学生结构 */
    printf("\nThe maximum score:\n");
    printf("No.: %d\n name: %s\n score: %4.1f\n",
            p->num, p->name, p->score);
}
```

3.5.3　结构体作为函数参数

　　结构体变量作函数的参数：与普通变量作函数参数的用法相同，将结构体的全部成员值传送给函数，效率低，不能修改实参的值。

　　结构体指针作函数的参数：将结构体的地址传送给函数，效率高，可以修改实参的值。

　　【程序 3.22】 有一个结构体变量 stu，内含学生学号、姓名和三门课程的成绩。要求在 SetValue 函数中赋值，在函数 print 中打印输出。

```c
#include "string.h"

struct student
{   int num; /*   学号  */
    char name[20]; /*  姓名   */
    float score[3]; /*  三门课程的成绩  */
};

void SetValue(struct student &s);
void Print(struct student s);

main()
{
    struct student stu;
    SetValue(&stu);
    Print(stu);
}
void SetValue(struct student *s)
{    s->num = 10010;
    strcpy(s->name, "Li Li");
    s->score[0] = 67.5;
    s->score[1] = 89;
    s->score[2] = 78.6;
}

void Print(struct student s) /*   print 函数定义  */
{    printf("%d   %s   %f   %f   %f",
            s.num, s.name, s.score[0], s.score[1], s.score[2]);
    printf("\n");
}
```

3.6 链 表

3.6.1 动态内存分配

1. 什么是动态内存分配

我们已经学习了定长数据结构，如一维数组、二维数组和结构体。数组作为存放同类数据的集合，给我们带来了很多方便，增加了灵活性。

但在使用数组时，总有一个问题困扰我们：数组应该定义多大？由于数组是静态内存分配，其大小在定义时要事先规定，不能在程序执行过程中进行调整。这样一来，在程序设计中针对不同问题有时需要有 30 个元素大小的数组，有时需要有 50 个元素大小的数组，难于统一。而我们只能够根据可能的最大需求来定义数组，常常会造成一定存储空间的浪费；在有些情况下，当定义的数组不够大时，可能引起下标越界错误，甚至导致严重后果，此时需要重新修改程序，给我们带来很多麻烦。

解决该问题的方法就是采用动态内存分配。所谓动态内存分配，就是指在程序执行的过程中动态地分配或者回收存储空间的分配内存的方法。动态内存分配不像数组等静态内存分配方法那样需要预先分配存储空间，而是由系统根据程序的需要即时分配，且分配的大小就是程序要求的大小，不会构成对存储区的浪费。

2. C 动态内存管理系统

为了理解 C 的动态内存管理系统，应该对 C 编译器的程序组织内存方式有一个直观的了解。如图 3.11 所示是程序由 C 编译器编译后在内存中的布置示意图。(按不同的存储方式编译，内存的组织方式有些不同，但基本布局不变。)

栈是线程独有的，用来保存其运行状态和局部自动变量。栈在线程开始的时候初始化。每个线程的栈互相独立。每个函数都有自己的栈，栈被用来在函数之间传递参数。操作系统在切换线程的时候会自动切换栈，就是切换 SS/ESP 寄存器。栈空间不需要在高级语言中显式地分配和释放。

堆是大家共有的空间，分为全局堆和局部堆。全局堆就是所有没有分配的空间，局部堆就是分配给用户的空间。堆在操作系统对进程(程序的一次执行过程)初始化的时候分配，运行过程中也可以向系统要额外的堆，但是要记得用完后还给操作系统，否则会导致内存泄漏。

内存泄漏是指用动态存储分配函数动态开辟的空间，在使用完毕后未释放，结果导致一直占据该内存单元，直到程序结束。也就是说程序申请了一块内存，但没有任何一个指针指向它，那么这块内存就泄露了。

当动用图 3.11 中的栈时，它由上向下扩展。因此，栈所需内存空间的大小取决于程序的编写方式。例如，若大量使用递归函数，程序需要的栈空间就要比不使用递归函数大得多，因为很多局部变量要保留在栈中。在执行过程中，程序的机器码和全局变量占用的内存是固定的。满足内存分配请求的内存空间是从图 3.11 所示的内存空闲区域取得的，这个内存空闲区域叫做堆，其起点在全局变量区上部，由下向上扩展，直至栈区。

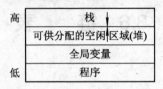

图 3.11　C 程序内存布置示意图

再次强调，栈是由编译器自动分配、释放的，用于存放函数的参数值、局部变量的值等；堆一般由程序员分配、释放，若不释放，则造成内存泄漏，所以记得不用时一定要释放！

C 动态存储管理系统有几个函数，其中最重要的两个函数是 malloc()和 free()。这两个函数构成了 C 动态存储管理系统的核心，并且是 C 标准库的一部分。它们配合在一起，利用堆建立和维护一个可用空间链表。每当 malloc()发出内存请求时，就从剩余的内存空闲区域分配出一部分。每当调用 free()时，就有一部分内存空间被释放。

malloc 函数原型：

```
void * malloc(unsigned int size);
```

其中 size 是要求分配的字节数。如果堆中有 size 个字节可供分配，malloc()就返回指向其中第一字节的指针。使用时必须要用强制类型转换功能将 malloc()返回的 void 型指针转换为指向所需类型的指针。如果无足够的空间满足 malloc()的请求，此次分配则告失败，malloc()返回一个空指针 NULL。因此，在使用 malloc()之前务必检查它是否有效，因为使用无效指针会使系统瘫痪。

下面几条语句以 float 型数据为例说明内存分配的正确方法：

```
float *pf;
pf =(float *)malloc(sizeof(float));
if (!pf){
    printf("\t 内存分配错误！\n");
    exit(1);
}
```

从上面的语句可以看到，应该利用 sizeof()确定各种数据类型要求的字节数。这样做不仅使程序易于移植，而且当动态存储管理系统的对象发生变化时，无需对程序做大的修改。利用动态存储管理系统处理结构型变量时这种做法特别重要，因为许多计算机都要求数据在字的偶数边界对齐。所以，结构的实际大小可能比结构各个域的大小之和多一个或多个字节。

当不需要再使用申请的内存时，应该使用 free 函数将其释放。释放后应该把指向这块内存的指针变量设置为指向 NULL，防止程序后面不小心使用了它。释放的空间可由 malloc()再次分配出去。

free 函数原型：

```
void   free(void * p);
```

free()释放的是指针变量指向的内存空间，而不是指针变量。指针变量是一个变量，在栈区，只有函数结束时才被销毁。释放了内存空间后，原来指向这块空间的指针变量还是存在的，只不过现在它指向的内容是未定义的。

使用 C 的动态存储管理系统时，应在程序开始处引入头文件 stdlib.h，该文件中有动态存储管理函数的说明语句，并保证对数据进行类型检查。

下面先给出一个应用 malloc 函数和 free 函数配合使用的简单例子。它们为 40 个整型变量分配内存并赋值，然后再回收这些内存。

【程序 3.23】 malloc 与 free 函数示例。

```
#include "stdlib.h"
#include "stdlio.h"
main()
{    int *p=NULL,t;
     p=(int*)malloc(40*sizeof(int));
     if (p==NULL)
     {    printf("内存分配失败! ");
          exit (0);
     }
     for (t=0;t<40;++t)    *(p+t)=t;
     for (t=0;t<40;++t)    printf("%d ",*(p+t)) ;
     free(p) ;
     p=NULL;
}
```

3.6.2 自引用结构

所谓的自引用结构，其实质还是一个结构体数据类型，特殊的一点是它包含一个指针成员，该指针指向与其自身同一个类型的结构。例如：

```
struct   node {
          int data;      /*也可以是其他任何已有类型*/
          struct node * next;
     };
```

struct   node 类型的结构有两个成员，一个是整数成员 data，另一个是指针成员 next。而指针成员 next 又指向正在被声明的 struct node 类型的结构，所以把这种结构称为自引用结构。成员 next 称为"链域"或"指针域"，通过 next 可以把一个 struct node 类型的结构与另一个同类型的结构链接起来，形成动态的线性结构。通常，用 NULL 指针来表示一个线性数据结构的结尾(NULL 是宏定义的一个常量，其值为 0)。

图 3.12 为两个链在一起的自引用结构，我们形象地称这样的一个自引用结构为"结点"。箭头表示指针域，它将一个 struct node 类型的结构与另外一个 struct node 类型的结构连接起来。∧表示 NULL，即为最后一个结点。

图 3.12 两个链在一起的自引用结构

建立和维护这样的动态数据结构需要实现动态内存分配，即程序在执行时，为了链接新的结点，需要获得内存空间，并能够释放不需要的结点所占用的内存空间。动态存储分配的极限是计算机中可用的物理内存数量，或者是虚拟存储系统中可用的虚拟内存的数量。

3.6.3　链表基本操作

1．链表的概念

所谓链表，就是用"指针域"链在一起的自引用结构(称为"结点")的线性集合，如图 3.13 所示。

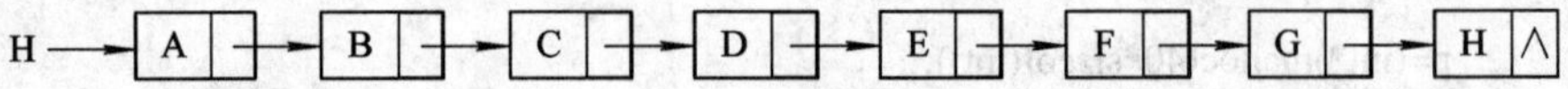

H —→ A —→ B —→ C —→ D —→ E —→ F —→ G —→ H ∧

图 3.13　单链表

链表是通过指向链表第一个结点的指针访问的，其后的结点是通过前一结点中的"指针域"访问的。通常，链表的最后一个结点中的"指针域"被设置为 NULL(表示链表的尾部)。链表的每一个结点都是在需要的时候建立，不需要时释放的。链表中的数据是动态存储的。结点中可包含任何类型的数据。

链表又分为单链表、双向链表和循环链表等。我们先讲单链表。所谓单链表，是指一个结点中"指针域"的个数为 1。一个单链表结点，其结构类型分为两部分，如图 3.14 所示。图中，数据域用来存储数据，指针域用来存储下一个结点的地址。

数据域　指针域

图 3.14　单链表结点

有时为了操作的方便，还可以在单链表的第一个结点之前附设一个头结点，头结点的数据域可以存储一些关于线性表的长度的附加信息，也可以什么都不存；而头结点的指针域存储指向第一个结点的指针(即第一个结点的存储位置)。此时带头结点的单链表的头指针就不再指向表中第一个结点而是指向头结点。如果单链表为空表，则头结点的指针域为"空"，如图 3.15 所示。

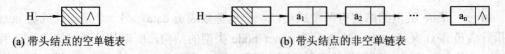

(a) 带头结点的空单链表　　　　　　　　(b) 带头结点的非空单链表

图 3.15　带头结点的单链表

单链表的 C 语言存储结构描述如下：

```
typedef struct node      /* 结点类型定义 */
{   datatype   data；  /*datatype 可以是基本数据类型，也可以是构造数据类型*/
    struct node  * next；/*指针域*/
}Node, * LinkList；    /*LinkList 为结构指针类型*/
```

其中，Node 是结构体数据类型 struct node 的别名，LinkList 是结构体指针类型，例如：

```
Node   r, *ps；  /* r 是结构体变量, ps 是结构体指针变量*/
```

　　　　LinkList　L;　/* L 是结构体指针变量，与用 Node*定义的指针变量用法一致*/

　　一般用 LinkList 定义指向链表头结点的指针变量，用 Node* 定义指向其他结点的指针变量。

2. 单链表基本操作

(1) 建立单链表。假设单链表中结点的数据类型是字符，我们逐个输入这些字符，并以"$"为输入结束标志符。动态地建立单链表，具体过程如图 3.16 所示。

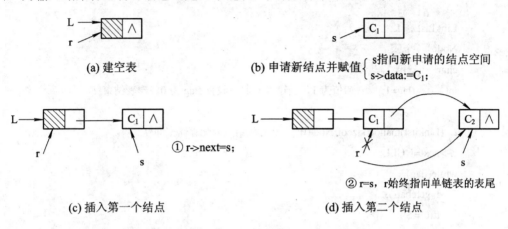

图 3.16　建立单链表图示

【程序 3.24】尾插法建立链表。

```
LinkList  CreateFromTail()    /*尾插法：将新增的字符追加到链表的末尾*/
{
    LinkList L;  /*头指针*/
    Node *r, *s;
    int   flag =1; /*设置一个标志，初值为 1，当输入"$"时，flag 为 0，建表结束*/
    L=(Node * )malloc(sizeof(Node));    /*为头结点分配存储空间*/
    L->next=NULL;  /*建立一个空单链表*/
    r=L;    /* r 指针始终动态指向链表的当前表尾，以便于做尾插入*/
    while(flag)
    {   c=getchar();
        if(c!='$')
        {   s=(Node*)malloc(sizeof(Node));
            s->data=c;
            r->next=s;
            r=s;
        }
        else
        {   flag=0;
            r->next=NULL; /*将最后一个结点的 next 链域置空，表示链表结束*/
```

```
                    }
              }
              return L;      /*返回头指针*/
         }
```

【程序 3.25】 头插法建立链表。

```
    Linklist  CreateFromHead()    /*头插法：将新增的字符插入到链表第一个结点之前*/
    {
      LinkList    L;
      Node     *s;
      char     c;
      int      flag=1;    /*初值为 1，当输入'$' 时，设置 flag 为 0，建表结束*/

      L=(Linklist)malloc(sizeof(Node));     /*为头结点分配存储空间*/
      L->next=NULL;
      while(flag)
      {  c=getchar();
         if(c!='$')
         {
            s=(Node*)malloc(sizeof(Node)); /*为读入的字符分配存储空间*/
            s->data=c;
            s->next=L->next;
            L->next=s;
         }
         else  flag=0;
      }
      return L;
    }
```

尾插法建立的链表与输入顺序相同，头插法建立的链表与输入顺序相反。

请读者思考，程序 3.26 能否成功建立一个单链表？

【程序 3.26】 带参数尾插法建立链表。

```
    void   CreateFromTail(LinkList  L)  /*L 为头指针*/
    {
      Node *r, *s;
      int   flag =1; /*设置一个标志，初值为 1，当输入 "$" 时，flag 为 0，建表结束*/
      L=(Node * )malloc(sizeof(Node));      /*为头结点分配存储空间*/
      L->next=NULL;  /*建立一个空单链表*/
      r=L;      /*r 指针始终动态指向链表的当前表尾，以便于做尾插入*/
      while(flag)
```

```
    {       c=getchar();
            if(c!= '$')
            {       s=(Node*)malloc(sizeof(Node));
                    s->data=c;
                    r->next=s;
                    r=s;
            }
            else
            {       flag=0;
                    r->next=NULL; /*将最后一个结点的 next 链域置空，表示链表结束*/
            }
    }
}


main()
{   LinkList   Head;
    CreateFromTail(Head);
    getchar();
}
```

(2) 打印链表。为了验证链表建立是否正确，只要将其逐个打印便可知晓。

【程序 3.27】 打印单链表。

```
    void print(LinkList L)
    {
        Node *p;
        p=L->next;
        while(p!=NULL)
        {
            printf("%c    ",p->data);
            p=p->next;
        }
    }
```

在进行链表的各种操作时，一般头指针不能动，用其他指针变量依次指向链表中的各结点。

(3) 插入元素。要在带头结点的单链表 L 中第 i 个数据元素之前插入一个数据元素 e，需要首先在单链表中找到第 i－1 个结点并由指针 pre 指示，然后申请一个新的结点并由指针 s 指示，其数据域的值为 e，并修改第 i－1 个结点的指针，使其指向 s，使 s 结点的指针域指向第 i 个结点。过程如图 3.17 所示。

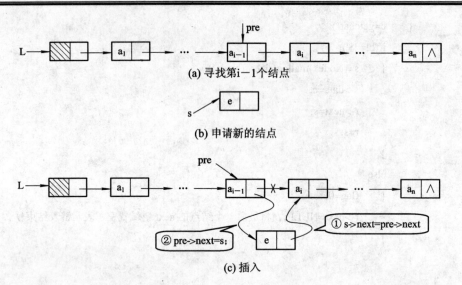

(a) 寻找第 i−1 个结点

(b) 申请新的结点

(c) 插入

图 3.17　单链表插入过程图示

【程序 3.28】　在单链表中插入元素。

```c
int InsList(LinkList L,int i,datatype e)
{   /*在 L 所指向的带头结点的单链表的第 i 个结点之前插入元素 e,若成功返回 1，若失败返回 0*/
    Node *pre,*s;
    int k;   /*k 为计数器*/
    pre=L;   k=0;
    /*在第 i 个元素之前插入，先找到第 i-1 个元素的存储位置，让指针 pre 指向它*/
    while(pre!=NULL&&k<i-1)
    {   pre=pre->next;
        k=k+1;
    }
    /*即 while 循环是因为 pre=NULL 而跳出的，所以一定是插入位置不合理所致*/
    if(pre==NULL)
    {   printf("插入位置不合理！ ");
        return 0;
    }
    s=(Node*)malloc(sizeof(Node));   /*为 e 申请一个新的结点并由 s 指向它*/
    s->data=e;                       /*将待插入结点的值 e 赋给 s 的数据域*/
    s->next=pre->next;               /*完成插入操作*/
    pre->next=s;
    return 1;
}
```

(4) 删除元素。欲在带头结点的单链表 L 中删除第 i 个结点，首先要通过计数方式找到第 i−1 个结点并使 p 指向第 i−1 个结点，而后删除第 i 个结点并释放结点空间。过程如图

3.18 所示。

【程序 3.29】　在单链表中删除元素。

```
int DelList(LinkList L,int i,elemtype *e)
{   /*将 L 所指向的带头结点的单链表的第 i 个元素从链表中删除,并将删除的元素保存到 e 中。
    若成功返回 1, 若失败返回 0*/
    Node *pre,*r;
    int k; /*k 为计数器*/
    pre=L;k=0;
    while(pre->next!=NULL&&k<i-1)        /*寻找被删除结点 i 的前驱结点 i-1*/
    { pre=pre->next;                     /*使 p 指向它*/
      k=k+1;
    }
    if(pre->next==NULL)   /* 即 while 循环是因为 pre->next==NULL 而跳出的*/
    {    printf("删除结点的位置 i 不合理! ");
         return 0;
    }
    r=pre->next;
    pre->next=r->next;   /*删除结点 r*/
    *e=r->data;   /*将删除结点的值用 e 带回*/
    free(r);      /*释放被删除的结点所占的内存空间*/
}
```

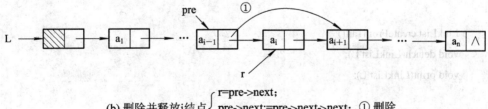

(a) 寻找第 i−1 个结点并由 pre 指向它

(b) 删除并释放 i 结点 { r=pre->next; pre->next:=pre->next->next; ① 删除 free(r); ② 释放

图 3.18　单链表的删除过程

循环链表的尾结点的指针域不再指向空,而是指向头结点或第一个结点。如图 3.19 所示,尾结点的指针域指向了头结点。

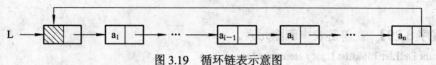

图 3.19　循环链表示意图

双向链表指一个结点有 2 个指针域，一个指向该结点前面的结点，一个指向该结点后面的结点。图 3.20 为双向循环链表示意图。

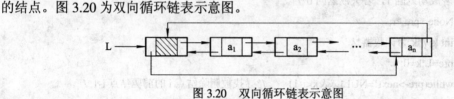

图 3.20　双向循环链表示意图

3.7　综 合 实 例

设某班学生的信息采用单链表结构存储，每位学生的信息包括：学号、姓名和性别。编写程序，将该学生链表拆分成两个单链表，其中一个全部是女生，另一个全部是男生。要求利用原有结点空间。

【程序 3.30】 链表拆分。

```c
#include "stdio.h"
#include "malloc.h"
#include "string.h"

typedef struct node
{       long num;
        char name[10];
        char sex;
        struct node    *next;
}Node,*LinkList;

LinkList createFromTail();
void detach(LinkList L);
void print(LinkList L);

void main()
{ LinkList Head;

    Head=createFromTail();
    printf("\n***students are:***\n");
    print(Head);
```

```
    detach(Head);
}

LinkList   createFromTail()
{
    LinkList L;
    Node *r, *s;
    int    flag=1;
    long num;
    char name[10],sex;

    L=(Node * )malloc(sizeof(Node));
    L->next=NULL;
    r=L;

    while(flag)
    {
        printf("Continue enter the student infor(num=0 to exit):");
        printf("num:");     scanf("%d",&num);
        printf("name:");       scanf("%s",name);
        fflush(stdin);
        printf("sex:");       scanf("%c",&sex);

        if(num!=0)
        {
            s=(Node*)malloc(sizeof(Node));
            s->num=num;
            strcpy(s->name,name);
            s->sex=sex;
            r->next=s;
            r=s;
        }
        else
        {
            flag=0;
            r->next=NULL;
        }
    }
    return L;
```

```
}

void detach(LinkList L)
{
    LinkList Lboy,Lgirl; /*Lboy 和 Lgirl 分别是男生链和女生链的头指针*/
    /*pboy 和 pgirl 指针指向当前男生链和女生链的最后一个结点*/
    /*p 指针指向原链表的当前处理结点，s 指向 p 的下一个结点*/
    Node *p,*s,*pboy,*pgirl;

    p=L->next;

    Lboy=L; Lboy->next=NULL; pboy=Lboy; /*男生链的头结点用原链表的*/
    Lgirl=(Node*)malloc(sizeof(Node));    /*女生链重新申请一个头结点*/
    Lgirl->next=NULL; pgirl=Lgirl;

    while(p!=NULL)
    {   s=p->next;   /*用 q 记录原链表中的下一个结点，防止链表断开*/

      if(p->sex=='f')
      {     pgirl->next=p; pgirl=p;}
      else
      {   pboy->next=p ; pboy=p;}

          p=s;
    }

    pgirl->next=NULL;
    pboy->next=NULL;

    /*打印拆分后的结果*/
    printf("\n***boy students are***:\n");
    print(Lboy);
    printf("\n***girl students are***:\n");
    print(Lgirl);
}

void print(LinkList L)
{   Node *p=L->next;
    while(p!=NULL)
```

```
{ printf("%ld%10s%2c\n",p->num,p->name,p->sex); p=p->next;}
}
```

习　题　3

1. 选择题。

(1) 下面程序的输出结果是(　　)。

```
#include <stdio.h>
main()
{ int a[12]={1,2,3,4,5,6,7,8,9,10,11,12}, *p[4],i;
    for(i=0;i<4;i++)
        p[i]=&a[i*3];
    printf("%d\n",*p[3]);
}
```

　　A) 输出项不合法　　　　B) 4　　　　C) 7　　　　D) 10

(2) 下面能正确进行字符串赋值操作的语句是(　　)。

　　A) char s[5]={"ABCDE"};

　　B) char s[5]={'A','B','C','D','E'};

　　C) char *s; s="ABCDE";

　　D) char *s; scanf("%s",s);

(3) 下面程序运行后的结果是(　　)。

```
main()
{ char *s="I love China!";
  s=s+2;
  printf("%ld",s);
}
```

　　A) love China!　　　　B) 字符 l 的 ASCII 码值

　　C) 字符 l 的地址　　　　D) 出错

(4) 若有定义和语句：

```
char *s1= "12345 ", *s2= "1234 " ;
printf("%d\n" , strlen(strcpy(s1, s2))) ;
```

则输出结果是(　　)。

　　A) 4　　　　　　B) 5　　　　C) 9　　　　D) 10

(5) 以下程序的输出结果是(　　)。

```
#include "stdio.h "
main( )
{ char *p[4]={ "abcd " , "efgh " , "ijkl " , "mnop "} ;
  char **p1 ;
```

```
    int i ;
    p1=p ;
    for(i=0 ;  i<2 ;  i++)
        printf("%s " ,  p[i]) ;
    printf("\n ") ;
    }
```

A) abcdefghijklmnop　　　　　　　　B) abcdefgh

C) abcd　　　　　　　　　　　　　　D) Ae

2. 写出下面程序的运行结果。

(1) void sub(int,int,int*);
```
    main()
    {
        int a,b,c;
        sub( 10, 5, &a );
        sub( 7, a, &b );
        sub( a, b, &c );
        printf("a=%d,b=%d,c=%d",a,b,c);

    }

    sub( int   x, int   y, int   *z )
    {    *z = y - x;    }
```

(2) main()
```
    {   int a, b, k = 4, m = 6, *p1 = &k, *p2 = &m;
        a = p1 == &m;
        b = ( -*p1 ) / ( *p2 ) + 7;
        printf("a=%d,b=%d",a,b);
    }
```

(3) main()
```
    {   char    *f = "a=%d, b=%d\n";
        int     a = 1, b = 10;
        a += b;
        printf( f, a, b);
    }
```

(4) main()
```
    {
        char   str[ ] = "abcdefgh",   *p = str;
        printf( "%s    %d\n", p+3, *( p+3 ));
    }
```

(5) #include<stdio.h>

```
main( )
{    char *pc=NULL ;
     int *pi=NULL;
     double *pd=NULL;
     printf("\n%d ,%d ,%d\n%d ,%d , %d\n",
             (int)(pc+1), (int)(pi+1),(int)(pd+1),
             (int)(pc+3),(int)(pi+5),(int)(pd+7));
}
```

3. 编写一程序，将数组 a 中相同的数据删得只剩一个，然后输出，请用指针完成。

4. 输入一个字符串，内有数字和非数字字符，如：

A123x456␣17960?302tab5876

输出字母字符串，并将其中连续的数字作为一个整数，依次存放到一数组 a 中，例如 123 放在 a[0]，456 放在 a[1]，……统计共有多少个整数，并输出这些数。

5. 写一个求字符串子串的函数 subStr(s, i, j)，即输出从串 s 给定的位置 i 开始的 j 个字符。编写程序测试该函数。

6. 建立一个数据域为整数的单链表，并删除值最大的结点。

实　验　3

1. 建立一个简单的图书管理系统，图书信息至少包括 ISBN、图书名称、作者、出版社、价格。从键盘输入各图书信息，输入排序条件，排序后输出结果。

2. 约瑟夫环。编号为 1，2，…，n 的 n 个人按顺时针方向围坐一圈，每人持有一个密码(正整数)。一开始任选一个整数作为报数上限值 m，从第一个人开始顺时针自 1 顺序报数，报到 m 时停止报数。报 m 的人出列，将他的密码作为新的 m 值，从他在顺时针方向上的下一个人开始重新从 1 报数，如此下去，直至所有的人全部出列为止。试设计一个程序，求出出列顺序。要求利用单循环链表作为存储结构模拟此过程，按照出列顺序打印出各人的编号。例如 m 的初值为 20，n=7，7 个人的密码依次是 3，1，7，2，4，8，4，出列的顺序为 6，1，4，7，2，3，5。请用链表完成。

3. 围绕着山顶有 10 个洞，一只兔子和一只狐狸各住一个洞，狐狸总想吃掉兔子。一天，兔子对狐狸说，你想吃我可以，但有一个条件，第一次隔一个洞找我，第二次隔两个洞找我，以后依次类推，次数不限，若能找到我，你就可以饱餐一顿，在没有找到我之前不能停止。狐狸一想只有 10 个洞，寻找的次数又不限，哪有找不到的道理，就答应了条件。结果就是没有找到。请编写一个程序，找出兔子躲在哪个洞里才安全(假定狐狸找了 1000 次)。

第 4 章　文件操作

我们已经学习了 C 语言的基本输入和输出函数，通过它们，可以很方便地进行信息的输入与输出，解决一些基本的输入/输出问题。

但在实际的应用中，数据量可能比较大，而且输入数据、中间结果和输出结果三类数据需要被保存起来，这样就不能每次都从键盘输入或者只从屏幕上观看结果，需要存储起来便于以后的重复使用和查询。目前存储数据主要采用两种方式：一种是数据库管理方式，此时计算机中需要安装数据库管理系统；另一种是文件方式，大量的信息一般都是以文件的形式存储在外存上的。本章主要讲述用文件方式保存数据的方法，正确的理解和使用文件将有助于我们进行复杂应用软件的开发。

4.1　文件的概念

所谓"文件"，一般指存储在外部存储介质上的有组织的数据的集合。它具有一个唯一的名字，通过名字可以对文件进行存取、修改、删除等操作。

一般地，我们把放在外部存储介质，如软盘、硬盘、磁带、光盘这样的设备上的数据称为文件，它们有不同的名字和后缀(或叫扩展名)，除这类文件外，从广义上来看，许多外部设备也可看做是一种文件，因为也可给它们取一个唯一的名字，对它们的操作也可用对磁盘文件相同的操作来实现。例如，在 DOS 中，定义打印机为名字是 PRN 的文件，向该文件写信息时，实际上就是打印输出；定义键盘为名字是 CON 的文件，当从该文件读信息时，实际上就是从键盘接收键入的字符数字。将物理设备看做是一种逻辑文件来操作，可以简化设计、方便用户。C 语言中也采取了类似的作法，因而从广义上说，文件是指信息输入和输出的对象，磁盘文件是文件，打印机、键盘、显示器也是文件。不过本章的内容不涉及广义上的文件操作。

以前我们学习到的输入和输出，都是暂时性的输入与输出(当应用程序终止时，这些数据由于应用程序的结束而全部消亡)，即在应用程序运行时，从键盘输入数据，运行结果在显示器上显示。但在实际的应用中，常常需要将一些程序的数据(运行的最终结果或中间数据)输出到外存上存储起来，以后需要时再从外存输入到计算机内存之中。所有这些都需要通过磁盘文件来完成。

4.1.1　C 语言支持的文件格式

文件的分类方法很多。按文件的信息来源，分为标准文件和一般文件。标准文件指系统规定的标准输入文件(键盘输入 stdin)、标准输出文件(屏幕显示 stdout)和标准出错信息文件(屏幕显示 stderr)。标准文件可直接使用，无需打开或关闭。标准文件之外的统称为一般文件。按文件所依附的介质来分，有磁盘文件、磁带文件、内存文件、设备文件等。按文件的内容区分，有源程序文件、目标文件、数据文件等。按文件中的数据组织形式来分，可分为 ASCII 码文件(文本文件)和二进制文件。本章按最后一种分类方式对文件进行分类。

在 C 中引入了流(stream)的概念。它将数据的输入/输出看做是数据的流入/流出，这样不管是磁盘文件还是物理设备(打印机、显示器、键盘等)，都被看做是一种流的源或目的，即为同一种东西，而不管其具体的物理结构。对它们的操作，就是数据的流入和流出。这种把数据的输入/输出操作对象抽象化为一种流，而不管它的源或目的的具体结构的方法很有利于编程。而涉及流的输出操作函数可用于各种对象，与其具体的实体无关，即具有通用性。读者可以想象一下水流，流的概念就来源于此。

在 C 中流可分成两类，即文本流(Text Stream)(文件)和二进制流(Binary Stream)(文件)。所谓文本流，是指在流中流动的数据以字符形式出现。由于文本有行的限制，因而一行流完后，必须有行结束符(C 规定为 "\n")，它代表了回车换行。因而在文本流中，当流入(文件)时 "\n" 被换成回车 CR 和换行 LF(代码分别是 0dH 和 0aH)；而当流出(文件)时，0dH 和 0aH 被换成 "\n" 符号(即符合 C 中规定的一行的行结束符)。例如下面的简单程序：

```
main()
{
    printf("I love C!");
}
```

存盘时，以文本流方式存储，其流的形式如下：

m	a	i	n	(	)	\n	{	\n	p	r	i	n	t	f	(	"	I		l	o	v	e		C	!	"	)	;	\n	}

磁盘上的格式如下：

m	a	i	n	(	)	0d	0a	{	0d	0a	p	r	i	n	t	f	(	"	I		l	o	v	e		C	!	"	)	;	0d	0a	}

二进制流是指流动的是二进制数字序列，它把数据按其在内存中的存储形式存放在磁盘上。若流中有字符，则用一个字节的二进制 ASCII 码表示；若是数字，则用若干个字节的二进制数表示。在流入/流出时，对 "\n" 符号不进行变换，因而流中写入的字节数与读出的字节数相同。

下面是信息分别在内存中、ASCII 文件中和二进制文件中的具体表现形式。

(1) ABC 的存储。

内存中的形式：

0 1 0 0 0 0 0 1	0 1 0 0 0 0 1 0	0 1 0 0 0 0 1 1
A 的 ASCII 码值	B 的 ASCII 码值	C 的 ASCII 码值

ASCII 文件形式：

0 1 0 0 0 0 0 1	0 1 0 0 0 0 1 0	0 1 0 0 0 0 1 1
A 的 ASCII 码值	B 的 ASCII 码值	C 的 ASCII 码值

二进制文件形式：

0 1 0 0 0 0 0 1	0 1 0 0 0 0 1 0	0 1 0 0 0 0 1 1
A 的 ASCII 码值	B 的 ASCII 码值	C 的 ASCII 码值

(2) 257 的存储。

内存中的形式：

0 0 0 0 0 0 0 1	0 0 0 0 0 0 0 1

ASCII 文件形式：

0 0 1 1 0 0 1 0	0 0 1 1 0 1 0 1	0 0 1 1 0 1 1 1
2 的 ASCII 码值	5 的 ASCII 码值	7 的 ASCII 码值

二进制文件形式：

0 0 0 0 0 0 0 1	0 0 0 0 0 0 0 1

用 ASCII 码形式输出，一个字节代表一个字符，便于对字符进行逐个处理，也便于输出字符，但要占用较多存储空间，而且要花费一些时间进行转换(二进制形式与 ASCII 码间的转换)。

用二进制形式输出，可以节省外存空间和转换时间，但字节并不与字符对应，不能直接输出字符形式。在实际的软件开发中，中间结果数据一般都需要暂时保存在外存上以便以后使用，在这种情况下，常用二进制文件方式对其进行保存。

现在我们已经知道，在 C 语言中，一个文件是一个字节流或二进制流，即数据被看做是一连串不考虑记录界限的字符(字节)。因此，C 语言中文件并不是由记录(record)组成的(这是和 PASCAL 或其他高级语言不同的)。

在 C 语言中对文件的存取是以字符(字节)为单位的，数据输入/输出的开始和结束仅受程序控制而不受物理符号(如回车换行符)控制，这是流式文件的主要特点。

4.1.2　C 语言支持的文件处理方法

在过去使用的 C 版本中，对文件的处理方法有两种：一种叫"缓冲文件系统"；一种叫"非缓冲文件系统"。

所谓缓冲文件系统，是指系统自动地在内存中为每一个正在使用的文件开辟一个缓冲区。从内存向磁盘输出数据，必须先送到内存中的缓冲区，装满缓冲区后才一起送到磁盘。如果从磁盘向内存读取数据，则一次从磁盘文件将一批数据输入到内存缓冲区(填满缓冲区)，然后从缓冲区逐个地将数据送到程序数据区(赋给程序变量)。缓冲区的大小由各个具体的 C 版本确定，一般为 512 字节，如图 4.1 所示。

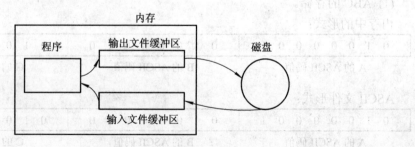

图 4.1　缓冲文件系统

　　所谓"非缓冲文件系统"，是指系统不自动地开辟确定大小的缓冲区，而由程序为每个文件设定缓冲区。

　　1983 年，ANSI C 标准决定不再采用非缓冲文件系统，而只采用缓冲文件系统。

　　在文件处理时有两级方法，即标准级和系统级。

　　所谓标准级，就是这些函数更符合 C 语言的普通标准，与其他机器上的 C 语言更兼容，更容易移植到其他机器、其他操作系统上。对程序员来说标准级函数也更容易使用，更高级，功能更强。另外，由于其内部带有缓冲能力，故磁盘存取次数较少，效率更高。标准级函数有时也称为流式输入/输出函数，因为在使用这些函数时，经常把被操作的文件看做是一个字符流。

　　所谓系统级，是指这些函数往往直接调用操作系统。正因为如此，系统级函数速度更快，内存占用更少，但它们的兼容性更差。对程序员来说，系统级函数使用起来比较困难，对操作系统的依赖性较强，功能较差，没有自动缓冲能力，也没有格式输入/输出的能力，而且移植性较差。

　　标准级函数有时被错误地理解为只提供流式输入/输出，即把文件看做字符流或字符序列。虽然大部分情况下是这样用的，但这些函数的功能却不只是这些。例如，可以通过标准级进行格式化的输入/输出，可以对文件进行随机存取，也可以按块或按记录对文件进行存取。

4.2　文件处理的基本过程

　　标准级函数添加的许多功能都是由于它使用了 FILE 这个数据结构。每当打开一个文件进行标准输入/输出时，系统就建立了一个 FILE 结构，并返回一个指向这个结构的指针。对于随后所有的操作，都是以这个结构指针(下面称为文件指针，有些教材称为流指针)为基础进行的。

　　FILE 数据结构如下：

```
    typedef struct {
        short          level;      /*缓冲区满空程度*/
        unsigned       flags;      /*文件状态标志*/
        char           fd;         /*文件描述符*/
        unsigned char  hold;       /*无缓冲则不读取字符*/
        short          bsize;      /*缓冲区大小*/
        unsigned char  *buffer;    /*数据缓冲区*/
        unsigned char  *curp;      /*当前位置指针*/
        unsigned       istemp;     /*临时文件指示器*/
        short          token;      /*用于有效性检查*/
    } FILE;
```

　　程序员不应直接存取这个结构中的任何一个数据域，因为它们仅供内部使用。这里列出这个结构只是为了方便读者理解 C 是怎样维护一个文件的。不同的 C 编译器可能会定义一个完全不同的结构，但其结构的名字一般都是 FILE。

提醒读者注意，不要把文件位置指针和 FILE 结构指针(文件指针)混为一谈，它们代表两个不同的地址。文件位置指针指出了对文件当前要读写的数据的位置，也可称为位置指针；而文件指针指出了打开的文件所对应的 FILE 结构在内存的地址，实际上它本身也包含了文件位置指针的信息。文件指针中的各字段是供 C 语言内部使用的，用户不应该存取它的任何字段。

注：有些资料上称 FILE 结构指针为流指针，称指示当前读写位置的指针为文件指针，这样很容易让读者产生误解。

4.2.1　文件指针变量的定义

文件指针变量的定义如下：

> FILE *fp;

其中，fp 是一个指向 FILE 类型结构体的指针变量。可以使 fp 指向某一个文件的结构体变量，从而通过该结构体变量中的文件信息访问该文件。

通过文件指针变量能够找到与它相关的文件。如果有 n 个文件，一般应设 n 个指针变量(指向 FILE 类型结构体的指针变量)，使它们分别指向 n 个文件(确切地说，指向该文件的信息结构体)，以实现对文件的访问。

4.2.2　文件的打开与关闭

文件是信息的有组织的集合。在使用文件时，我们应遵守文件使用的基本规则：先打开，再使用，最后关闭。即：在对文件读写之前首先应该打开该文件，然后再对其进行相应的读写操作，当所需的操作完成后，关闭该文件。就好像我们要用水，首先要打开水龙头，然后才能用，不用时应关闭水龙头一样。另外，标准文件是不需要打开和关闭的，可直接使用。

文件的打开为文件的使用做准备工作，即对使用的文件创建相应的数据结构，并和相应的存储空间发生联系。文件的关闭则是对文件的一些相关信息进行保存。

在文件操作时，如果没有进行文件的关闭操作，会造成文件相应信息的丢失，导致文件的损坏。因此我们在使用文件时应对其进行正确的打开和关闭操作。

1. 文件的打开(fopen 函数)

函数原型：

> FILE * fopen(const char *filename, const char *mode);

其中，filename 表示将要打开的文件的名字，mode 表示文件的使用方式。

文件名可以带路径。如果是已经存在的文件，则文件应该用全名方式表示，即包括其主文件名和扩展名。在书写路径时注意路径分隔符"\\"的正确表示。在书写路径时使用双斜线"//"和斜线" / "作为路径分隔符，是程序员经常犯的一个错误。

例如：

> FILE　*fp1,*fp2,*fp3;
>
> fp1=fopen("abc","r");

```
fp2=fopen ("d:\\mydoc.dat","r");

fp3=fopen("a1.txt","r");
```

以上语句分别表示：以只读方式打开当前路径下的 abc 文件、d 盘的 mydoc.dat 当前路径下的 a1.txt 文件。其中 fp1、fp2、fp3 为文件指针。

文件的常见使用方式如表 4.1 所示。

表 4.1　文件的使用方式

文件的使用方式		文件不存在	文件已经存在
"r"	只读	报告出现一个错误	打开、只读一个文本文件
"w"	只写	建立、打开、只写一个文本文件	打开该文本文件，并使文件内容为空，只写
"a"	追加	建立和打开一个文本文件，只进行追加	打开一个文本文件，只向末尾进行追加
"rb"	只读	报告出现一个错误	打开、只读一个二进制文件
"wb"	只写	建立、打开、只写一个二进制文件	打开该二进制文件，并使文件内容为空，只写
"ab"	追加	建立和打开一个二进制文件，只进行追加	打开一个二进制文件，只向末尾进行追加
"r+"	读写	报告出现一个错误	打开、读和写一个文本文件
"w+"	读写	建立、打开一个文本文件，读和写	打开一个文本文件，并使文件内容为空，读和写
"a+"	读写	建立、打开一个文本文件，读和追加	打开一个文本文件，读和追加
"rb+"	读写	报告出现一个错误	打开、读和写一个二进制文件
"wb+"	读写	建立、打开一个二进制文件，读和写	打开一个二进制文件，并使文件内容为空，读和写
"ab+"	读写	建立、打开一个二进制文件，读和追加	打开一个二进制文件，读和追加

说明：

(1) 用 "r" 方式打开的文件只能读而不能写，且该文件应该已经存在。不能打开一个并不存在的文件，否则出错。

(2) 用 "w" 方式打开的文件只能用于向该文件写数据，而不能用来向计算机输入。如果原来不存在该文件，系统会新建立一个以指定名字为文件名的新文件，并打开它。如果文件存在，则在打开时将该文件内容删去，然后重新建立一个新文件。

(3) 如果希望向文件末尾添加新的数据(不删除原有数据)，则应该用 "a" 方式打开。如果文件不存在，就将创建一个文件并打开它。打开时，文件位置指针移到文件末尾。

(4) 用 "r+"、"w+"、"a+" 方式打开文件时既可以读也可以写。用 "r+" 方式打开时该文件必须已经存在，以便能向计算机输入数据，否则出错；用 "w+" 方式打开一个文件时，可以向文件中写入数据，也可以从文件中读出数据，但会删除文件原有的内容；用 "a+" 方式打开的文件不删除原有内容，位置指针移到文件末尾，可以添加也可以读，但只能进行追加写，不能对已有内容(包括本次写入的)修改。

(5) 如果无法打开一个文件，fopen 函数将会返回一个 NULL(NULL 在 stdio.h 文件中已被定义为 0)。原因可能是：用 "r" 方式打开一个并不存在的文件；文件名书写错误；磁盘出故障；磁盘已满无法建立新文件等。

常用下面的方法打开一个文件：

```
if ( (fp=fopen("d:\\xs.txt","r"))==NULL)
{
        printf("error! cannot open this file\n");
        exit(1);
}
```

先检查打开有否出错，如果有错就在终端上输出"cannot open this file"。exit 函数的作用是关闭所有文件，终止程序的运行。

(6) 用表 4.1 中所列方式可以打开文本文件或二进制文件，这是 ANSI C 的规定。但目前使用的有些 C 编译系统可能不完全提供所有这些功能(例如有的只能用" r "、" w "、" a "方式)，有的 C 版本不用 "r+"、"w+"、"a+" 而用 "rw"、"wr"、"ar" 等，请读者注意所用系统的规定。

2. 文件的关闭(fclose 函数)

当一个文件使用结束时应该关闭它，以防止它再被误用，造成对文件信息的破坏和文件信息的丢失。

"关闭"从本质上讲，就是让文件指针变量不再指向该文件的结构体，也就是将文件指针变量与文件的联系断开，此后不能再通过该指针对其相连的文件进行读写操作，除非再次打开，使该指针变量重新指向该文件。

函数原型：

```
int fclose(FILE *stream);
```

它表示该函数将关闭 FILE 指针(文件指针)对应的文件，并返回一个整数值。若成功地关闭了文件，则返回一个 0 值，否则返回一个非零值。例如：

```
if(fclose(fp)!=0)
{
    printf("error: file cannot be closed!");
    exit(1);
}
else
    printf("file is closed successful!");
```

一般文件的关闭很少出错，所以经常直接使用 fclose(fp);进行关闭，不作测试。

当打开了多个文件进行操作，而又要同时关闭时，可采用 fcloseall 函数，它将关闭所有在程序中已打开的文件(stdin、stdout、stdaux、stdprn、stderr 除外)。

函数原型：

```
int fcloseall(void);
```

该函数将关闭所有已打开的文件，将各文件缓冲区的内容写到相应的文件中去，接着释放这些缓冲区，并返回成功关闭文件的数目。

在程序终止之前关闭所有使用的文件是我们应该遵守的基本规则，如果不关闭文件将会丢失数据。因为，标准 C 支持缓冲文件系统，在文件操作时，系统自动地在内存区为每一个正在使用的文件开辟一个缓冲。从内存向磁盘输出数据时，先将数据送到内存中的缓冲区中，装满缓冲区后才一起送到磁盘。这样操作可以提高操作效率。如果从磁盘向内存读取数据，则一次从磁盘文件将一批数据输入到内存缓冲区，然后从缓冲区逐个地将数据送到程序数据区(给程序变量)。

缓冲区的大小一般为 512 字节。如果当数据未填满缓冲区而程序结束运行，系统会自动释放其文件缓冲区，从而导致缓冲区中数据的丢失。用 fclose 函数关闭，可以很好地解决和避免这个问题，它先把缓冲区中的数据输出到磁盘文件，然后才释放文件指针变量和缓冲区空间。

4.3 字节级文件读写

所谓字节级的文件读写，是指文件的读写单位是字节。

文件在打开之后，就可以进行信息的读取与保存。常用的字节级读写函数有 fputc()和 fgetc()。

4.3.1 fputc 函数

函数原型：

```
int fputc(int ch, FILE *fp);
```

功能：将字符 ch 输出到文件 fp 中。其中，ch 可以是一个字符常量，也可以是一个字符变量，还可以是一个整数(对应字符的 ASCII 码值，不能超过 128)。

返回值：如果输出成功则返回值就是输出的字符；如果输出失败，则返回一个 EOF。EOF 是在 stdio.h 文件中定义的合法整数，值为-1。

【程序 4.1】 从键盘读入字符存入文件，直到用户输入一个句号为止。

```
#include   "stdio.h "
main()
{
    FILE *fp;
        char   ch;
    if( (fp=fopen("f:\\test.txt", "w ")) ==NULL)
    {
            printf("cant open the file\n");
            exit(2);
    }
    ch=getchar();
```

```
        while(ch!= '.') /*输入以.结束*/
        {
                fputc(ch,fp);      /*写入 fp 指定的文件中*/
                ch=getchar();      /*从标准文件 stdin(键盘)读入字符*/
        }
        fclose(fp);                /*关闭文件 fp，清空文件缓冲区*/
    }
```

运行时，从键盘输入字符，直到输入 '.' 为止，所输入的字符就构成新的文件内容。

4.3.2 fgetc 函数

函数原型：

```
        ch=fgetc(fp);
```

功能：从指定文件 fp 读入一个字符，该文件必须是以读或读写方式打开的。

返回值：返回读入的字符，ch 也可以是整型变量，此时将返回的字符的 ASCII 码值赋予 ch。如果遇到文件结束符，则函数返回一个文件结束标志 EOF。

【程序 4.2】 从一个磁盘文件顺序读入字符并在屏幕上显示出来。

```
    #include   "stdio.h"
    main()
    {
        FILE    *fp;
        char     ch;  / *在此处也可以这样定义   int ch； * /
        if ((fp=fopen("d:\\my.dat","r"))==NULL)
        {
                printf("\n   this file   does   not   exit  \n");
                exit(1);
        }
        ch=fgetc(fp);
        while(ch!=EOF)   /*文件没有结束*/
        {
                putchar(ch);   /*输出到屏幕*/
                ch=fgetc(fp);
        }
        fclose(fp);
    }
```

但在这里大家需要注意，EOF 是不可输出字符，因此不能在屏幕上显示。由于字符的 ASCII 码不可能出现 −1，因此 EOF 定义为 −1 是合适的。

当读入的字符值等于 EOF 时，表示读入的已不是正常的字符而是文件结束符。但这只适用于对文本文件的读写。

ANSI C 已经允许用缓冲文件系统对二进制文件进行处理。在二进制文件中，信息都以数值方式存在，EOF 的值可能就是所要处理的二进制文件中的信息。这就出现了需要读入有用数据而却被处理为"文件结束"的情况。为了解决这个问题，ANSI C 提供一个 feof 函数，我们可以用它来判断文件是否真的结束。

feof(fp)用来测试 fp 所指向的文件的当前状态是否为"文件结束"。如果是文件结束，函数 feof(fp)的值为 1(真)，否则为 0(假)。

【程序 4.3】 利用 feof 函数控制文件读入结束。

```
#include  "stdio.h"
main()
{
    FILE   *fp;
    int   ch;
    if ((fp=fopen("d:\\my.dat","rb"))= =NULL)
    {
        printf("\n   this file   does not   exit \n");
        exit(1);
    }
    ch=fgetc(fp);
    while(!feof(fp))
    {
        putchar(ch);
        ch=fgetc(fp);
    }
    fclose(fp);
}
```

在使用上述函数时，要特别注意接收字符的变量 ch 要定义为 int 型的，而不能定义为 char 型的。因为用到该变量的函数自动将其转换为无符号字符，而将其整型数高位字节忽略，即得到的仍是一个字符；另外一个原因是，当函数返回文件尾的信息 EOF 时，它并不是一个字符，而是代表 −1，因此，如果定义为 char 型，这个值便和字符代码不同(因为没有一个字符的 ASCII 码会取 −1)。也就是说，如果定义

```
    char ch;
```

当从文件中循环读取字符并检查是否到文件尾，即执行以下语句时：

```
    while((ch=fgerc(fp))!=EOF)
```

该循环将是个死循环，因为永远不会有 EOF 出现。

C 语言的基本输入/输出函数 putchar()和 getchar()实质上是 fputc()和 fgetc()的宏，在 stdio.h 文件中有如下定义：

```
    #define putchar(ch)   fputc(ch,stdout)
    #define getchar()     fgetc(stdin)
```

其中，stdout 是系统定义的文件指针变量，它与终端输出相连，默认是屏幕，可以重定向；stdin 表示键盘。

4.4　字符串级文件读写

所谓字符串级的文件读写，指文件的读写单位是字符串。字符串级的文件读写函数主要有 fgets()、fputs()、fprintf()、fscanf()。

4.4.1　fgets 函数

函数原型：

　　　char *fgets(char* str,int n,FILE *fp);

功能：从 fp 指定的文件中读字符串并将其存储到以 str 为首地址的内存中，n 为读取的字符串的总长。在读取字符时，当读取了 n–1 个字符或遇到换行符时，函数将停止字符的读取，但保留换行符。当读完 n–1 个字符后在字符串 str 的最后加一个 '\0' 字符(字符串结束符)。

返回值：若成功，返回 str 的首地址；出错或遇文件结束时返回 NULL。

4.4.2　fputs 函数

函数原型：

　　　int　　fputs(char *str,FILE *fp);

功能：把以 str 为首地址的字符串输出到 fp 所指向的文件。其中第一个参数可以是字符串常量，也可以是字符数组名或字符型指针。

返回值：若输出成功，函数返回最后写入的字符；失败时，返回 EOF。

fgets 和 fputs 函数类似于我们以前学习过的 gets 和 puts 函数，只是 gets 和 puts 函数已指定标准输出流(stdout)和标准输入流(stdin)作为读写对象。

同理，fprintf 函数、fscanf 函数与 printf 函数和 scanf 函数作用相仿，都是信息的格式化输入与输出。只有一点不同：fprintf 函数和 fscanf 函数的读写对象是磁盘文件，而 printf 函数和 scanf 函数的读写对象是标准输出流(stdout)和标准输入流(stdin)。fprintf 与 fscanf 在 4.6 节详细介绍。

【程序 4.4】按字符串读入文本文件，并输出在屏幕上。同时将该文件保存为 c:\4_4.c。

```
#include "stdio.h"
main()
{    FILE   *fp;
     char   buffer[64];
     if ((fp2=fopen ("c:\\4_4.c",  "r")) == NULL)
     {
         printf ("can't   open   file   \ n");
         exit (1);
     }
     while(!feof (fp)) /* 测试文件是否结束  */
```

```
            {
                if (fgets (buffer，64，fp) != NULL)      /*读一行字符并测试是否为空*/
                printf ("%s"，buffer);                   /*  显示该行字符  */
            }
        fclose (fp);                                     /*  关闭文件   */
    }
```

4.5　记录级文件读写

所谓记录级的文件读写，指文件的读写单位是记录。所谓记录，从本质上讲，它不过是一个没有格式的数据块。记录有两种：一种是定长的，另一种是不定长的。值得注意的是，从函数的角度来讲，ANSI C 只提供了定长记录的支持，所以这里我们主要介绍定长记录文件的读写。

用 fgetc 函数和 fputc 函数可以读写文件中的一个字符。用 fgets 函数和 fputs 函数可以读写文件中的一个字符串。但在现实的数据处理过程中，问题本身的复杂性和我们对处理的要求，使得我们在进行信息处理时往往需要将某些信息作为一个整体进行处理，即常常要求一次读入一组数据(例如一个实数或一个结构体变量的值)，对于此类问题，ANSI C 标准提供两个函数来读写一个数据块，即 fread 函数和 fwrite 函数。

它们的一般调用形式为：

```
        int  fread(void *ptr，int  size，int  nitems，FILE *fp);
        int  fwrite(void *ptr，int  size，int  nitems，FILE *fp);
```

其中，ptr 是指向内存缓冲区的指针，对 fread 来说，它是读入数据的存放地址，对 fwrite 来说，它是输出数据的地址(以上指的是起始地址)；size 是一个记录的字节数(记录大小)；nitems 是读写记录的个数。

fread 函数从指定的输入流 fp 中读取 nitems 项数据，每一项数据长度为 size 字节，将读取的数据存放到 ptr 所指定的块中。

fwrite 函数向指定的输出流 fp 中写入数据，所写入的数据项的个数为 nitems，每个数据项长 size 个字节。所写入的数据的存放首地址为 ptr。

对于这两个函数而言，所读写的字节总数为 nitems*size。

当调用成功时，两函数返回实际读或写的数据项数，而非实际的字节数。在遇到文件结束或出错时，则返回一个计数值。

【程序 4.5】从键盘输入两个学生数据，并写入一个文件中，再读出这两个学生的数据并显示在屏幕上。

```
        #include "stdio.h"
        struct student
        {
          char name[10];
          int num;
```

```
    int age;
    char addr[15];
};
main()
{
    FILE *fp;
    char ch;
    struct student stu[2],temp;
    int i;

    if((fp=fopen("d:\\stu_list","wb+"))==NULL)
    {
        printf("Cannot open file strike any key exit!");
        getch();        exit(1);
    }
    printf("\ninput data\n");
    for(i=0;i<2;i++)
        scanf("%s%d%d%s",stu[i].name,& stu[i].num,& stu[i].age, stu[i].addr);

    if(fwrite(stu,sizeof(struct student),2,fp)!=2)
    { printf("write file error!"); return;}

    fclose(fp);    /*关闭文件*/
    if((fp=fopen("d:\\stu_list","rb+"))==NULL)
    {
        printf("Cannot open file strike any key exit!");
        getch();        exit(1);
    }

    printf("\n\nname\tnumber age addr\n");
    while(fread(qq,sizeof(struct stu),2,fp)!=1)
        printf("%s\t%5d%7d        %s\n",temp.name, temp.num, temp.age, temp.addr);
    fclose(fp);
}
```

　　这个例子比较简单，但值得注意。一个记录的字节数应该通过 sizeof 操作符求得，而不应该由程序员自己计算。这是因为，在 C 中记录一般都是通过结构实现的，而许多 C 编译器具体实现一个结构时，为了边界对齐，往往添加了一些字节，但各个 C 编译器添加的方法和字节数又不一致。在 Turbo C 编译中，缺省的原则是不添加任何字节，以使结构最紧凑，少占内存。但是，如果程序员确实想以整数为边界对齐，则在编译时可以加一个 "_a" 选择项。加了这个选择项会进行如下三项对齐：

(1) 结构将总是从偶地址开始。

(2) 结构内的非字符字段也总是从偶地址开始。

(3) 整个结构总是占偶数个字节。

这种对齐方式使得运行速度加快，但增加了存储量。

如果我们以二进制形式打开一个文件，用 fread 和 fwrite 函数就可以读写任何类型和长度的数据信息。如：

        fread(d_f,4,5,fp);

其中 d_f 是一个实型数组名。这个函数的功能是从 fp 所指向的文件读取 5 条数据(每条 4 个字节)，并将其存储到数组 d_f 中。

        fread(d_str,15,4,fp1);

其中，d_str 是一个字符型数组名。这个函数从 fp1 所指向的文件读取 4 条数据(每条 15 个字节)，并将其存储到数组 d_str 中。

假设有一个如下的结构体类型：

```
typedef   struct   stu_type
{
    char   name [8];
    int    code;
    char   birthday[10];
    char   addr[30];
}stu;
stu d_stu[20];
```

结构体数组 d_stu 由 20 个元素组成，每一个元素用来存放一个学生的信息(包括姓名、学号、出生日期、住址四部分内容)。

可以用以下语句将内存中的 20 个学生数据存储到磁盘文件中去：

```
for   (i=0;i<20,i++)
    fwrite (&d_stu[i] , sizeof (struct stu_type ) , 1 , fp );
```

或者用以下语句：

```
fwrite (d_stu , sizeof (struct stu_type ) , 20 , fp );
```

假设学生的数据已存放在磁盘文件中，可以用下面的语句读入 20 个学生的数据：

```
for (i=0;i<20;i++)
        fread ( &d_stu[i], sizeof ( struct    stu_type ), 1 , fp );
```

或者用以下语句：

```
fread (d_stu , sizeof (struct stu_type ) , 20 , fp );
```

如果 fread 或 fwrite 调用成功时，函数返回值为输入或输出数据项的完整个数。

ANSI C 提供的 fread 和 fwrite 函数具有强大功能，我们可以根据自己的实际要求编写信息的读写程序，这样就可以十分方便地读写任何类型的数据。

4.6　格式化文件读写

4.6.1　fprintf 函数

函数原型：

```
int fprintf(FILE *fp,char *format[,argument,…]);
```

功能：按照指定的格式将输出列表中的内容写入指定的文件中。其中，fp 用于指明所要操作的文件，format(格式字符串)用于指明信息的写入格式，argument 用于指明所要写入的信息。

例如：若 j=10　ch='A'，经过下面语句后：

```
fprintf(fp,"%d%c",j,ch);
```

fp 所指向的文件中会有数据 10A。

4.6.2　fscanf 函数

函数原型：

```
int fscanf(FILE *fp, char *format[,argument,…])
```

功能：从文件中读取数据，并将其按照格式字符串所指定的格式写入到地址参数 &argument 所指定的地址中。其中，fp 用于指明所要操作的文件，format(格式字符串)用于指明信息的写入格式。

fscanf 返回成功扫描、转换、存储的输入字段数。被扫描但未被存储的字段不计算在内。如果该函数试图在文件末尾进行读操作，则返回 EOF；如果没有字段被存储，则返回 0。

例如，若磁盘文件上如果有以下字符：

```
3，4.5
```

若采用下面的语句从文件中输入数据：

```
fscanf(fp,"%d,%j",&i,&j);
```

则将磁盘文件中的数据 3 送给变量 i，4.5 送给变量 j。

用 fprintf 函数和 fscanf 函数对磁盘文件进行读和写，使用方便，容易理解。但由于在输入时要将 ASCII 码转换为二进制形式，在输出时又要将二进制形式转换成字符，花费时间比较多，因此，在内存与磁盘频繁交换数据的情况下，fprintf 函数和 fscanf 函数的效率较低。

【程序 4.6】假设一个文本文件 data.txt 中有如下数据，编写程序将其读入一个二维数组中。

```
2 4 6 8    1 3 5 7
#include "stdio.h"
main()
{
    FILE *fp;
```

```
        int data[2][3];
        for(i=0;i<2;i++)
            for(j=0;j<3;j++)
                fscanf("%d",&data[i][j]);
        fclose(fp);
    }
```

4.7　文件位置指针的移动

在文件的读写过程中，为了能够正确地完成输入与输出，系统需要有一个指示标志，来指明当前正在读写的位置，我们称这一指示标志为文件位置指针，即 FILE 结构体中的 unsigned char *curp。也就是说，在文件的读写过程中，系统设置了一个表示位置的指针，指向当前读写的位置。在顺序地读写一个文件时，假定每次读写一个字符，则读写完一个字符后，该指针自动指向下一个字符位置；同样，如果每次读写一个记录，则读写完成后，该指针自动指向下一个记录的位置。

在实际的文件读写过程中，往往需要根据自己的实际要求进行文件操作，也就是说，需要将文件位置指针移动到我们所需要的位置，可能向前移动，也可能向后移动。ANSI C 中提供了许多移动文件指针的函数，最常用的有 rewind( )、ftell( )、fseek( )。

4.7.1　rewind 函数

函数原型：

```
        int rewind(FILE * fp);
```

功能：使文件位置指针重新返回文件的开头。如果移动成功，返回值为 0；如果移动失败，返回一非零值。

对于一个新打开的文件，文件位置指针指向文件开始。当我们对其进行了读操作以后，文件位置指针会发生变动，如果现在我们需要从文件开始进行新的操作，此时就需将位置指针移到文件开始。

【程序 4.7】 将一个文件的内容在显示器上重复显示两次。

```
        #include "stdio.h"
        main()
        {
        FILE    *d_fp;
        if    ( ( d_fp=fopen("d:\\my.dat","r"))= =NULL)
        {
        printf ("\n open file error \n");
        exit(0);
        }
        while(!feof(d_fp))    putchar(fgetc(d_fp));
```

```
        rewind(d_fp);
        while(!feof(d_fp))    putchar(fgetc(d_fp));
    }
```

4.7.2　ftell 函数

函数原型：

```
    long ftell(FILE* fp);
```

功能：用来获取文件位置指针当前位置相对于文件起点的偏移量，以字节为单位。

4.7.3　fseek 函数

对流式文件可以进行顺序读写，也可以进行随机读写，关键在于控制文件的位置指针。如果位置指针是按字节位置顺序移动的，就是顺序读写。如果可以将位置指针按需要移动到任意位置，就可以实现随机读写。也就是说，读写完上一个字符(字节)后，并不一定要读写其后续的字符(字节)，而可以读写文件中任意位置的字符(字节)。

用 fseek 函数可以改变文件的位置指针。

函数原型：

```
    int fseek(FILE * fp,   long   offset,   int origin);
```

其中，fp 为所操作的文件指针；offset 为从指定位置移动指针的偏移量(所需移动的大小)，必须为长整型；Origin 为指针移动的开始位置(起始点)。

起始点必须是 0、1、2 中的一个。0 代表"文件开始"，1 为"当前位置"，2 为"文件末尾"，如表 4.2 所示。

表 4.2　offset 函数中的指针移动的开始位置

符号常量名	数字表示	具体含义
SEEK_SET	0	文件开始
SEEK_CUR	1	文件当前位置
SEEK_END	2	文件末尾

偏移量指以起始点为基点，向前移动的字节数。ANSI C 和大多数 C 版本要求偏移量是 long 型数据。这样当文件的长度大于 64K 时不致出现问题。ANSI C 标准规定在数字的末尾加一个字母 L，就表示是 long 型。

下面是 feek 函数调用的几个例子：

```
    fseek(fp,500L,0);        */将文件指针从文件头向后移动 500 个字节*/
    fseek(fp,100L,1);        */将文件指针从当前位置向后移动 100 个字节*/
    fseek(fp,-100L,2);       */将文件指针从文件末尾处向前移动 10 个字节*/
```

【程序 4.8】　编写一个程序，求取文件位置指针以及文件长度。

```
    #include    "stdio.h"
    main()
    {
```

```
        long    len;
        FILE    *fp;
        long    length();
        if( (fp=fopen("d:\\my.dat","r"))==NULL)
        {
            printf("\n     open file   error \n");
            exit(0);
        }

        len=length(fp);
        printf("the length of    d:\my.dat is %Ld bytes",d_len);
}


long    length(FILE    *fp)
{
        long  curpos,length;
        curpos=ftell(fp);          /*求取文件指针相对于文件开始的相对位置*/
        printf("\n the begin of    d:\my.dat is %Ld \n",curpos);
        fseek(fp,0L,SEEK_END);          /*文件指针指向文件末尾*/
        length=ftell(fp);
        printf("\n the end of    d:\my.dat is %Ld \n", length);
        fseek(fp,curpos,SEEK_SET);          /*恢复文件指针的初始值*/
        return(length);
}
```

如果指针成功移动，返回值为零；如果移动失败，返回一非零值。

注意问题：

(1) 通过 fseek 函数可以把位置指针移到超过文件当前末尾(超过原来的文件长度)的位置，这样做很容易扩充文件的长度。

(2) 原来的文件末尾和新位置之间的区域是未被初始化的(未写入内容)。

(3) 如果文件打开方式允许，可以越过文件末尾进行数据的写操作，但若试图读则会返回一个错误信息。

(4) ftell 函数用来读取文件当前位置相对于文件起点的偏移量。当一个文件以追加方式打开时，函数 ftell 返回的是由上一次输入/输出操作决定的文件指针位置，它不一定是下一次写操作的位置，写操作总是在文件末尾处进行的。对这一点应格外住意。

(5) 在文本方式下，函数 ftell 还会带来另一个问题：在文件处理时需要进行<CR><LF>对和<LF>之间的相互转换，故由 ftell 函数返回的值可能不代表相对于盘文件起点的真正偏移量。然而，fseek 也是同样处理这个转换关系的。因此，配合使用 ftell 和 fseek，先记住文件指针的位置，以后再返回到这个位置，就不会出错了。

【程序 4.9】 用 fseek 扩充文件长度。

```
#include "stdio.h"
main()
{       FILE *fp;
        long len;
        fp = fopen("file1.txt", "w");

        fseek(fp,500L,SEEK_SET);
        len=ftell(fp);
        printf("len=%ld",len);   /*应该打印出  len=500*/

        fseek(fp,200L,SEEK_SET);
        fputs("nwu_computer",fp);     /*写操作成功*/

        fseek(fp,100L,SEEK_SET);
        if(fgetc(fp)==EOF)
                   printf("error!");    /*读操作会出错*/
        fclose(fp);
}
```

4.8 出错的检测

取文件状态和出错处理的函数主要有下面几个：

```
void clearer(FILE *fp);
int feof(FILE* fp);
int ferror(FILE* fp);
```

如果在上一次输入/输出操作中检测了文件结束标志，则 feof 函数返回非 0 值。如果在文件的输入/输出过程中发生了任何错误，则 ferror 函数返回一个非 0 值。文件结束标志只能通过函数 clearerr()、fseek()、rewind()来清除。其他错误标志只能通过调用 rewind()或clearerr()来清除。

4.8.1 ferror 函数

在调用各种输入/输出函数(如 putc、getc、fread、fwrite 等)时，如果出现错误，除了函数返回值有所反映外，还可以用 ferror 函数检查。它的一般调用形式为 ferror(fp);。

如果 ferror 返回值为 0(假)，表示未出错；如果返回一个非 0 值，表示出错。应该注意的是，对同一个文件每一次调用输入/输出函数，均产生一个新的 ferror 函数值。因此，应当在调用一个输入/输出函数后立即检查 ferror 函数的值，否则信息会丢失。

在执行 fopen 函数时，ferror 函数的初始值自动置为 0。

4.8.2 clearerr 函数

clearerr 函数的作用是使文件错误标志和文件结束标志置为 0。假设在调用一个输入/输出函数时出现错误，ferror 函数值为一个非零值，再调用 clearerr(fp)后，ferror(fp)的值变成 0。

只要出现错误标志，就一直保留，直到对同一文件调用 clearerr 函数或 rewind 函数，或任何其他一个输入/输出函数时为止。

4.9 综 合 实 例

下面介绍一个有实际意义的随机存取文件的事务处理程序。该程序用来维护银行的账目信息。它能够更新、添加、删除和显示客户信息，并且能够把所有当前账号清单存储在一个用于打印的文本文件中。我们假定已经通过执行程序建立了文件 credit.dat。

该程序有 6 个选项：

选项 1 用函数 textFile 把所有的格式化的账号存储在文本文件 accounts.txt 中。选择了选项 1 后，accounts.txt 中包含如下内容：

AcctNum	LastName	FirstName	Balance
1	Brown	Nancy	−24.54
2	Dunn	Stacey	314.33
3	Barker	Doug	0.00
4	Smith	Dave	358.34
5	Stone	Sam	34.98

选项 2 用函数 updateRecord 更新账户信息。该函数只更新已存在的记录，所以函数首先检查用户指定的记录是否为空。用函数 fread 把记录读到结构 client 中去，然后把成员 acctNum 与 0 比较，如果 acctNum 为 0，说明该记录中不包含信息，因此打印"该记录为空"。然后显示选项菜单。如果记录中包含信息，函数 updateRecord 输入办理金额、计算新的结算结果并把记录重新写到文件中。选项 2 的典型输出如下：

输入账号(1-100)：3

3	Barker	Doug	0.00

输入金额： +87.99

3	Barker	Doug	87.99

选项 3 用函数 newRecord 把新的账户信息添加到文件中去。若该账户已经存在，则打印出错信息；否则，输入新的记录。

选项 4 用函数 deleteRecord 删除文件中的一条记录。删除函数先向用户询问账号，然后重新初始化该记录。

选项 5 用来显示目前的客户信息。

选项 6 用来中止程序的运行。

【程序 4.10】 简单的银行账目管理系统。

```
/********************************************************************
```
该程序的一个缺点是：客户账号必须按数字 1,2,3,…输入，否则程序会出错。

请考虑改进该程序

***/

```c
#include "stdio.h"

struct clientData{
    int acctNum;
    char lastName[15];
    char firstName[10];
    float balance;
};

int enterChoice(void);
void textFile(FILE *);
void updateRecord(FILE *);
void newRecord(FILE *);
void deleteRecord(FILE *);
void displayFile(FILE *);

void main()
{
    FILE *fp;
    int choice;

    if((fp=fopen("credit.dat","r+"))==NULL)    /*该文件必须已经存在*/
        printf("文件不能正常打开！\n");
    else
    {
        while ((choice=enterChoice())!=6)
        {
            switch(choice)
            {
                case 1:    textFile(fp); break;
                case 2:    updateRecord(fp); break;
                case 3:    newRecord(fp);  break;
                case 4:    deleteRecord(fp); break;
                case 5:    displayFile(fp); break;
                default: printf("error choice!");
            }
        }
```

```
    }
    fclose(fp);
}

void displayFile(FILE *fp)
{
    struct clientData client;

    rewind(fp);
    printf("%-6s%-16s%-11s%10s\n","AcctNum","LastName",
            "FirstName","Balance");

    while(!feof(fp))
    {
            if(fread(&client,sizeof(struct clientData),1,fp)==1)
                    printf("%-6d%-16s%-11s%10.2f\n",
                            client.acctNum,client.lastName,
                            client.firstName,client.balance);
    }

}

void textFile(FILE *readfp)
{
    FILE *writefp ;
    struct clientData client;
    if((writefp=fopen("accounts.txt","w"))==NULL)
        printf("文件不能正常打开! \n");
    else
    {
     fprintf(writefp,"%-6s%-16s%-11s%10s\n","AcctNum","LastName",
                    "FirstName","Balance");
     rewind(readfp);
     while(!feof(readfp))
        {
                if(fread(&client,sizeof(struct clientData),1,readfp)==1)
                        fprintf(writefp,"%-6d%-16s%-11s%10.2f\n",
                            client.acctNum,client.lastName,
                            client.firstName,client.balance);
        }
```

```c
    }
    fclose(writefp);
}


void updateRecord(FILE *fp)
{
        int account;
        float transaction;
        struct clientData client;

        printf("Enter account to update(1-100)");
        scanf("%d",&account);

        fseek(fp,(account-1)*sizeof(struct clientData),SEEK_SET);
        if(fread(&client,sizeof(struct clientData),1,fp)!=1)
        {printf("***文件读错误！可能在未知区域读，该记录不存在！"); return;}
        if(client.acctNum==0)
            printf("没有关于账号 #%d 的信息。\n",account);
        else{
            printf("%-6d%-16s%-11s%10.2f\n\n",
                    client.acctNum,client.lastName,
                    client.firstName,client.balance );
            printf("输入借贷金额:");
            scanf("%f",&transaction);
            client.balance+=transaction;
            printf("\n 更改后的信息为:\n");
            printf("%-6d%-16s%-11s%10.2f\n\n",
                    client.acctNum,client.lastName,
                     client.firstName,client.balance );
            fseek(fp,(account-1)*sizeof(struct clientData),SEEK_SET);
            if(fwrite(&client,sizeof(struct clientData),1,fp)==1)
                printf("更改成功!");
            else
                printf("更改失败!");
        }
}


/*删除的记录位置依然存在，用一个空白记录代替*/
void deleteRecord(FILE * fp )
```

```
{
        struct clientData client,blankclient={0,"","",0};
        int accountNum;
        printf("请输入要删除的账号(1-100):");
        scanf("%d",&accountNum);
        fseek(fp,(accountNum-1)*sizeof(struct clientData),SEEK_SET);
        if(fread(&client, sizeof(struct clientData),1,fp)!=1)
        {printf("***文件读错误！可能在未知区域读，该记录不存在！"); return;}
        if(client.acctNum==0)
                printf("账号 %d 不存在。\n",accountNum);
        else
        {
                fseek(fp,(accountNum-1)*sizeof(struct clientData),SEEK_SET);
                if(fwrite(&blankclient,sizeof(struct clientData),1,fp)==1)
                        printf("删除成功!");
                else
                        printf("删除失败!");
        }
}


void newRecord(FILE *fp)
{
        struct clientData client;
        int accountNum,temp;
        fseek(fp,0,SEEK_END);    /*将位置指针移到文件末尾*/
        temp=ftell(fp)/sizeof(struct clientData); /*计算当前文件中的记录数*/

        printf("\n 当前应该输入的账号为:%d",temp+1);
        printf("请输入新账号(1-100):");
        scanf("\n%d",&accountNum);

        fseek(fp,(accountNum-1)*sizeof(struct clientData),SEEK_SET);
        if(fread(&client,sizeof(struct clientData),1,fp)==1
                        && client.acctNum!=0)
                printf("账号 %d 已经存在。\n",client.acctNum);
        else
        {
                printf("请输入姓、名和金额\n");
                scanf("%s%s%f",&client.lastName,&client.firstName,
```

```
                          &client.balance);
              client.acctNum=accountNum;
              fseek(fp,(client.acctNum-1)*sizeof(struct clientData),SEEK_SET);
              if(fwrite(&client,sizeof(struct clientData),1,fp)==1)
                     printf("添加成功!");
              else
                     printf("添加失败!");
       }
}


int enterChoice(void)
{
       int menuChoice;
       printf("\n\n\n 请输入你的选择\n");
       printf("1:将格式化账户信息存储到文本文件 account.txt\n");
       printf("2:更新账户信息\n");
       printf("3:添加新的账户\n");
       printf("4:删除账户信息\n");
       printf("5:显示账户信息\n");
       printf("6:退出\n");

       scanf("%d",&menuChoice);
       return menuChoice;
}
```

习　题　4

1. 选择题。
(1) 以下关于 C 语言中对文件操作的说法，正确的是(　　)。
   A) 文件操作前，必须先定义一个结构类型，用来存放文件的有关信息
   B) 文件操作前必须先打开文件
   C) 文件操作前必须先关闭文件
   D) 文件操作前必须先测试文件是否存在，然后再打开文件
(2) 以下有关文件的说法正确的是(　　)。
   A) 文件指针与文件位置指针意思相同
   B) 文件位置指针可以根据需要进行移动
   C) 语句 fgets(str, n, fp);会从 fp 所指的文件中读取 n 个字符放入 str 所指的空间中
   D) 目前的 C 语言既支持缓冲文件系统，也支持非缓冲文件系统

(3) 以下程序试图把从终端输入的字符输出到名为 abc.txt 的文件中,直到从终端读入字符 # 号时结束输入和输出操作,但程序有错。出错的原因是( )。

```
#include   "stdio.h"
main()
{ FILE *fout; char ch;
fout=fopen('abc.txt', 'w' );
ch=fgetc(stdin);      /*stdin 指输入终端,即键盘*/

while(ch!='#')
{ fputc(ch, fout);   ch=fgetc(stdin); }

fclose(fout);
}
```

    (A) 函数 fopen 调用形式错误   (B) 输入文件没有关闭

    (C) 函数 fgetc 调用形式错误   (D) 文件指针 stdin 没有定义

(4) 为了在 D 盘根目录下创建一个文本文件 "test.txt",下面语句正确的是( )。

    A) fopen("D:\test.txt", "w");

    B) fopen("D:/ test.txt ", "w");

    C) fopen("D:// test.txt ", "w");

    D) fopen("D:\\ test.txt ", "w");

(5) 若 fp 是指向某文件的指针,且已读到文件末尾,则库函数 feof(fp)的返回值是( )。

    A) EOF   B) –1   C) 非零值   D) NULL

(6) 欲打开一个已经存在的非空文本文件 test.txt,正确的打开语句是( )。

    FILE *fp;

    A) fp=fopen("test.txt",'r');   B) fp=fopen("test.txt","rb");

    C) fp=fopen("test.txt","r");   D) fp=fopen("test.txt",'rb');

(7) 假设文件 f1 和 f2 以如下形式打开:

    FILE *fp1,*fp2;

    fp1=fopen("f1","r");

    fp2=fopen("f2","w");

欲将 f1 的内容先显示在屏幕上,然后再将 f1 的内容复制到 f2 中,正确的语句是( )。

    A) while(!feof(fp1)) putchar(fgetc(fp1));

        while(!feof(fp1)) fputc(fgetc(fp1),fp2);

    B) while(!feof(fp1)) fputc(fgetc(fp1),fp2);

        while(!feof(fp1)) putchar(fgetc(fp1));

    C) while(!feof(fp1)) putchar(fgetc(fp1));

        rewind(fp1);

        while(!feof(fp1)) fputc(fgetc(fp1),fp2);

    D) while(feof(fp1)) putchar(fgetc(fp1));

```
rewind(fp1);
while(feof(fp1)) fputc(fgetc(fp1),fp2);
```

(8) 下面的程序向文件 test 中输入的结果是(　　)。

```
#include "stdio"
main()
{
FILE *fp;
fp=fopen("test","wb");
fprintf(fp,"%c%.2f%d,%d",'A',123.456,13,26);
}
```

A) A123.5　13,26 　　　　　　　B) A123.45613,68

C) A123.4613,26 　　　　　　　D) A123.46 13,68

(9) 文件 fp 指向一个已经打开的文件，欲从该文件读入 10 个如下结构的记录，存入数组 stu[10]中，以下错误的语句是(　　)。

```
struct student{
    int num;
    char name[10];
    char sex;
};
```

A) fread(stu, sizeof(struct student),10,fp);

B) fread(&stu[0], sizeof(struct student),10,fp);

C) for(i=0;i<10;i++)
　　fread(&stu[i], sizeof(struct student),1,fp);

D) for(i=0;i<10;i++)
　　fread(stu[i], sizeof(struct student),1,fp);

(10) 若文件 fp 是文件指针，且文件已经打开，下面(　　)语句能将该文件位置指针移到离当前位置 20 个字节处。

A) fseek(fp,20L,0);　　　　　　B) fseek(fp,20L,1);

C) fseek(fp,20L,2);　　　　　　D) fseek(fp,-20L,SEEK_END);

2. 问答题。

(1) 如何理解流的概念？

(2) 什么是缓冲文件系统？

(3) 一般文件的处理过程是什么？

(4) 文件指针与文件位置指针有什么区别？

3. 从键盘输入一个字符串，将其中的小写字母全部转换成大写字母，然后输出到一个文本文件"test"中保存，输入的字符串以"!"结束。

4. 计算一大数阶乘，如 1000!，将结果保存到一文件中。

5. 有 5 个学生，每个学生有 3 门课的成绩，从键盘输入数据(包括学生号、姓名、三门课成绩)，计算出平均成绩，将原有数据和计算出的平均分数存放在文本文件 stud.txt 中。

6. 将习题 5 产生的 stud.txt 文件中的学生数据，按平均分进行排序处理，将已排序的学生数据存入一个新文件 stu_sort.txt。

7. 对习题 6 产生的已排序的学生成绩文件进行插入处理。插入一个学生的三门课成绩，程序先计算新插入学生的平均成绩，然后将它按成绩高低顺序插入，插入后建立一个新文件。

实 验 4

1. 有两个文件"Afile"和"Bfile"，各存放一行字母，今要求把这两个文件中的信息合并(按字母顺序排列)，输出到一个新文件"Cfile"中去。

2. 建立一个二进制文件"employee"，存放职工的数据。每个职工的信息包括：职工姓名、职工号、性别、年龄、住址、工资、健康状况、文化程度。现要求将职工号、姓名、工资的信息单独抽出来另建一个简明的按职工号递增排序的职工工资文件。对该工资文件从最后一个职工信息开始读入，将职工信息输出在屏幕上。

3. 建立一个学生信息管理系统，能随机对学生信息进行增加、删除、修改和查询操作。

第 5 章　图形界面与动画设计

图形界面程序设计是比较吸引人的部分，Turbo C 为用户提供了功能强大的绘图函数库，本章只介绍最常用的一部分，其余的图形函数及用法可参阅相关书籍。图形函数均在头文件 graphics.h 中定义，所以在程序中调用这些图形函数时，必须在程序文件的开头写上文件包含命令：#include "graphics.h"，同时将集成开发环境 Options/Linker 中的 Graphics lib 选为 on(一般默认为 on)，只有这样才能正确使用图形函数。

5.1　基　本　概　念

5.1.1　图形显示与适配器

PC 机的显示系统一般由显示器和适配器组成。显示器(monitor)是独立于主机的一种外部设备。适配器(adapter)也称显卡，是插在 PC 主机上的一块电路板。PC 机对显示屏幕的所有操作都是通过适配器来实现的。

显示器屏幕的坐标是一个倒置的直角坐标系，左上角为(0, 0)，右下角为最大的(x, y)坐标。显示器上的图形是由很多小圆点组成的，这些小圆点称为像素。像素的大小可以通过设置显示器的分辨率来改变，分辨率越大，像素越小，显示的图像越清晰。

计算机中要显示的字符和图形均以数字形式存储在存储器中，而显示器接收的是模拟信号。一般显示器有三条 RGB 的模拟信号输入线，每条输入线的电压决定颜色的亮度。插在 PC 机插槽中的适配器，其作用就是将要显示的字符和图形以数字形式存储在其视频存储器 VRAM 中，再将这些数字信号变成视频模拟信号送往相应的显示器进行显示。也就是说，适配器在主机和显示器之间起到了信息转换和发送的作用。不同的显示器对应的适配器的种类也不用，显示器必须配置正确的适配器才能构成完整的显示系统。

下面简单介绍几种常用的适配器。

(1) 单色显示适配器(MDA)：仅显示一种颜色，仅支持 80×25 行的字符显示。

(2) 彩色图形适配器(CGA)：可以产生单色及彩色字符和图形，有两种分辨率：一种为高分辨率(CGAHI)，分辨率为 640×200，背景为黑色，前景色虽然可供选择，但只有一种；另一种为中分辨率(320×200)，前景色和背景色可供用户选择，但只有 4 种，分别对应 4 种显示模型——CGAC0、CGAC1、CGAC2 和 CGAC3。

(3) 增强型图形适配器(EGA)：支持 CGA 的 4 色显示方式，分为分辨率为 640×200 的 EGALO 和分辨率为 640×350 的 EGAHI，均可显示 16 色。

(4) 视频图形阵列适配器(VGA)：除支持 CGA、EGA 的所有方式外，还增加了 640×480 的高分辨率显示方式(VGAHI)、640×350 的中分辨率显示方式(VGAMED)和 640×200 的低分辨率显示方式(VGALO)，均可提供 16 种显示颜色。

(5) TVGA：目前主流微机的显示器标准，提供 640×480、800×600 和 1024×768 等分辨率，颜色可达 256 种，在文本方式下可支持 25、30、43、60 行，132 列的字符显示，同时向前兼容。由于 Turbo C 早于该产品出现，因而不支持 TVGA 增强的几种显示方式。

后来的 PVGA、XGA 及国内研制的带汉字显示功能的 CVGA 等都可以看做是 VGA 的扩展。Turbo C 支持的适配器见附录 D。

5.1.2 显示器的工作原理

PC 机的显示适配器有两种工作模式：一种是图形模式；另外一种是文本模式(默认模式)。其主要差别是显示存储器 VRAM 中存放的信息不同。在文本模式下，VRAM 中存放的是要显示的字符的 ASCII 码，用它作地址，取出字符发生器 ROM 中存放的相应字符的图像(字模)，变成视频信号显示在屏幕上，如图 5.1(a)所示。而在图形模式下，要显示的图形直接存放在 VRAM 中，VRAM 不同地址单元存放的数就表示了屏幕某行某列上的像素及颜色，如图5.1(b)所示。

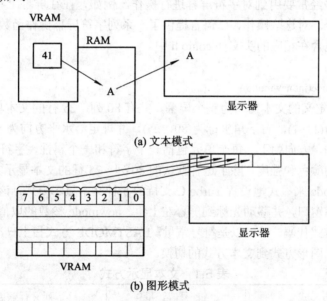

(a) 文本模式

(b) 图形模式

图 5.1   VRAM 中的存储内容与显示模式

因此在使用图形函数绘图之前，必须将显示适配器设置为图形模式，这就是通常所说的"图形模式初始化"。在绘图工作完毕之后，又要回到文本模式，以便进行文本模式下的工作。

文本模式下将屏幕称为窗口(window)，它是屏幕的活动部分，字符输出或显示在活动窗口中进行。窗口在缺省时就是整个屏幕。窗口可以根据需要指定其大小。

图形模式下将屏幕称为视口(viewport)，也就是说，图形函数的操作都是在视口上进行的。图形视口与字符窗口具有相同的特性，用户可以在屏幕上定义大小不同的视口。若不定义视口大小，它就是整个屏幕。

可以看出，窗口是在字符屏幕下的概念，只有字符才能在窗口中显示出来，这时用户可以访问的最小单位为一个字符。视口是在图形屏幕状态下的概念，文本与图形都可以在视口上显示，用户可访问的最小单位是一个像素(像素这一术语最初用来指显示器上最小的、单独的发光点单元，但现在其含义拓宽为图形显示器上的最小可访问点)。

字符和图形状态下，屏幕上的位置都是由它们的行与列所决定的。有一点必须指出：字符状态的左上角坐标为(1，1)，但图形状态的左上角坐标为(0，0)。

了解字符屏幕和图形函数与窗口和视口的关系是很重要的。例如，字符屏幕光标位置函数 gotoxy()将光标移到窗口的(x，y)位置上，这未必就是相对于整个屏幕的坐标。

5.2 文本屏幕管理

下面介绍常用的几类字符屏幕函数的功能用途、操作方法及其例行程序。

5.2.1 屏幕操作函数

编写绘图程序经常要用到对字符屏幕进行操作。例如，在往屏幕上写字符之前，首先要将屏幕清除干净。对这些操作，C 语言提供了一系列字符屏幕操作函数来实现。

以下函数均包含在相应的头文件 conio.h 中。

(1) 函数原型：

    void textmode(int newmode);

Turbo C 默认定义的文本窗口为整个屏幕，共有 80 列、25 行的文本单元。规定整个屏幕的左上角坐标为(1，1)，右下角坐标为(80，25)，并规定沿水平方向为 x 轴，方向朝右；沿垂直方向为 y 轴，方向朝下。每个单元包括一个字符和一个属性，字符即 ASCII 码字符，属性规定该字符的颜色和强度。除了这种默认的 80 列、25 行的文本显示方式外，还可由用户通过函数 textmode 来显式地设置 Turbo C 支持的 5 种文本显示方式。该函数将清除屏幕，以整个屏幕为当前窗口，并移动光标到屏幕左上角。newmode 参数的取值见表 5.1，它既可以是表中指出的方式代码，又可以是符号常量。LASTMODE 方式指上一次设置的文本显示方式，它常用于从图形方式到文本方式的切换。

表 5.1 文本显示方式

方　式	符 号 常 量	列×行颜色
0	BW40	40×25 黑白显示
1	C40	40×25 彩色显示
2	BW80	80×25 黑白显示
3	C80	80×25 彩色显示
7	MONO	80×25 单色显示
−1	LASTMODE	上一次显示方式

(2) 函数原型：

```
void clrscr(void);
```

功能：函数 clrscr 清除整个当前字符窗口，并且把光标定位于左上角(1，1)处。

(3) 函数原型：

```
void window(int left,int top,int right,int bottom);
```

功能：在指定位置建立一个字符窗口。参数 left、top 为窗口左上角坐标；right、bottom 为其右下角坐标。若有一个坐标是无效的，则 window 函数不起作用。一旦该函数调用成功，那么所有定位坐标都是相对于窗口的，而不再相对于整个屏幕。但是建立窗口所用的坐标总是相对整个屏幕的绝对坐标，而不是相对当前窗口的相对坐标。这样用户就可以根据各种需要建立多个互不嵌套的窗口。

一个屏幕可以定义多个窗口，但当前窗口只能有一个(因为 DOS 为单任务操作系统)。当需要用另一窗口时，可将定义该窗口的 window 函数再调用一次，此时该窗口便成为当前窗口了。

(4) 函数原型：

```
void gotoxy(int x,int y);
```

功能：函数 gotoxy 将字屏幕上的光标移到当前窗口指定的位置上。x、y 是光标定位的坐标，如果其中一个坐标值无效(如坐标超界)，那么光标不会移动。此函数在字符状态(有时称为文本状态)下经常用到。

【程序 5.1】 设置 2 个字符窗口。

```
#include"conio.h"
border(int startx,int starty,int endx,int endy)
{   register int i;
    gotoxy(1,1);
    for(i=0;i<=endx-startx;i++)
        putch('-');
    gotoxy(1,endy-starty);
    for(i=0;i<=endx-startx;i++)
        putch('-');
    for(i=2;i<=endy-starty;i++){
        gotoxy(1,i);    putch('|');
        gotoxy(endx-startx+1,i); putch('|');
    }
}

main()
{
    window(6,8,38,12);
    border(6,8,38,12);
    gotoxy(2,2);
```

```
        printf("window 1");
        window(8,16,40,24);
        border(8,16,40,24);
        gotoxy(3,2);
        printf("window 2");
        getch();
    }
```

(5) 函数原型：

```
    void clreol(void);
```

功能：在当前字符窗口中清除从光标位置到行尾的所有字符，而光标位置保持不变。

(6) 函数原型：

```
    void insline(void);
```

功能：插入一空行到当前光标所在行上，同时光标以下的所有行都向下顺移一行。

(7) 函数原型：

```
    void delline(void);
```

功能：删除当前窗口内光标所在行，同时把该行下面的所有行都上移一行。如果当前窗口小于整个屏幕，那么该函数只影响到窗口内的字符。

5.2.2　文本操作函数

1. 文本输出

我们熟悉的 printf()、putc()、puts()、putchar()等输出函数是以整个屏幕为窗口的，它们不受 window 设置的限制，因此也就无法用函数控制它们输出的位置。但 Turbo C 提供了三个文本输出函数，它们受 window 的控制，窗口内显示光标的位置，就是它们开始输出的位置。当输出行右边超过窗口右边界时，自动移到窗口内的下一行开始输出，当输出到窗口底部边界时，窗口内的内容将自动产生上卷，直到完全输出完为止。这三个函数均受当前光标的控制，每输出一个字符光标，就后移一个字符位置。

窗口内文本的输出函数有以下 3 个：

(1) 函数原型：

```
    int cprintf("<格式化字符串>", <变量表>);
```

功能：输出一个格式化的字符串或数值到窗口当前光标处。它与 printf()的用法完全一样。区别在于 cprintf()的输出受窗口限制，而 printf()的输出为整个屏幕。

(2) 函数原型：

```
    int cputs(char *string);
```

功能：输出一个字符串到窗口当前光标处，它与 puts()的用法完全一样，只是受窗口大小的限制。

(3) 函数原型：

```
    int putch(int ch);
```

功能：输出一个字符到当前光标处。

使用以上几个函数后，当输出超出窗口的右边界时会自动转到下一行的开始处继续输出；当窗口内填满内容但仍没有结束输出时，窗口屏幕将会自动逐行上卷直到输出结束为止。

2. 文本输入

可直接使用 stdio.h 中的 getch 或 getche 函数进行文本输入。需要指出的是，getche 函数从键盘上获得一个字并在屏幕上显示的时候，如果字符超过了窗口右边界，则会被自动转移到下一行的开始位置。

3. 文本拷贝

(1) 函数原型：

　　int movetext(int x1, int y1, int x2, int y2, int x3, int y3);

功能：将屏幕左上角为(x1，y1)、右下角为(x2，y2)的矩形内文本拷贝到左上角为(x3，y3)的一个新矩形区内。注意，这里的坐标是以整个屏幕为窗口坐标系的，即屏幕左上角为(1，1)。该函数与开设的窗口无关，且原矩形区文本不变。

(2) 函数原型：

　　int gettext(int x1, int y1, int x2, int y2, void *buffer);

功能：将左上角为(x1，y1)、右下角为(x2，y2)的屏幕矩形区内的文本存到由指针 buffer 指向的一个内存缓冲区内。当操作成功时返回 1，不成功时返回 0。

因为一个在屏幕上显示的字符需占显示存储器 VRAM 的两个字节，即第一个字节是该字符的 ASCII 码，第二个字节为属性字节，即表示其显示的前景、背景色及是否闪烁，所以显示的字符所占的由 buffer 指向的内存缓冲区的字节总数为：

$$字节总数 = 矩形内行数 × 每行列数 × 2$$

其中：矩形内行数 = y2 − y1 + 1，每行列数 = x2 − x1 + 1(每行列数是指矩形内每行的列数)。矩形内文本字符在缓冲区内存放的次序是从左到右，从上到下，每个字符占连续两个字节并依次存放。

(3) 函数原型：

　　int puttext(int x1, int y1, int x2, int y2, void *buffer);

功能：将由 gettext()存入内存 buffer 中的文字内容拷贝到屏幕上指定的位置。

注意：

(1) gettext()和 puttext()中的坐标是对整个屏幕而言的，即是屏幕的绝对坐标，而不是相对窗口的坐标。

(2) movetext()是拷贝而不是移动窗口区域的内容，即使用该函数后，原位置区域的文本内容仍然存在。

【程序 5.2】 文本操作示例。

```
#include "conio.h"
border(int startx,int starty,int endx,int endy) /*输出一个边界*/
{   register int i;
    gotoxy(startx-1,starty-1);
```

```c
    for(i=0;i<=endx-startx;i++)
        putch('-');
    gotoxy(startx-1,endy+1);
    for(i=0;i<=endx-startx;i++)
        putch('-');

    for(i=0;i<=endy-starty;i++){
        gotoxy(startx-1,starty+i);          putch('|');
        gotoxy(endx+1,starty+i);            putch('|');
    }
}


main()
{
    int i;
    char ch[3*10*2]; /*定义 ch 字符串数组作为缓存区*/

    textbackground(BLUE);
    textcolor(WHITE);
    clrscr();
    /*输出 2 行文本*/
    gotoxy(10,10);
    cprintf("text demo");
    gotoxy(10,11);
    cprintf("Press any key to continue");
    getch();

    gettext(10,10,20,11,ch); /*将矩形区文本存到 ch 缓存区*/
    border(10,10,35,11);
    getch();

    movetext(10,10,20,11,40,15); /*将矩形区文本移动到另外一个矩形区*/
    border(40,15,50,16);
    getch();

    puttext(60,10,70,11,ch); /*将 ch 缓冲区的内容输出到一个矩形区*/
    border(60,10,70,11);
    getch();
}
```

5.2.3　字符属性函数

用户可以设置字符显示为高亮度还是低亮度，是否闪烁，以及其背景颜色等。具有这些操作的函数称为字符属性函数。除了仅支持单模式和单色的显示卡外，字符属性函数适用于其余所有的显示卡。以下介绍几种字符属性函数。

(1) 函数原型：

　　void textcolor(int color);

功能：设置字符屏幕下的文本颜色(或字符颜色)，还可使字符闪烁。color 的有效值可取表 5.2 中的颜色名(即宏名)或数值。在文本模式下，还有一个 BLINK 值，其宏值为 128，表示闪烁。

表 5.2　有关屏幕颜色的符号常数表

符号常数	数值	含义	符号常数	数值	含义
BLACK	0	黑色	DARKGRAY	8	深灰
BLUE	1	蓝色	LIGHTBLUE	9	深蓝
GREEN	2	绿色	LIGHTGREEN	10	淡绿
CYAN	3	青色	LIGHTCYAN	11	淡青
RED	4	红色	LIGHTRED	12	淡红
MAGENTA	5	洋红	LIGHTMAGENTA	13	淡洋红
BROWN	6	棕色	YELLOW	14	黄色
LIGHTGRAY	7	淡灰	WHITE	15	白色

textcolor 函数执行后，只影响其后输出的字符颜色，而不改变已经在当前屏幕上的其他字符颜色。显然，如果需要输出的字符闪烁，只要将函数中的参数 color 取为 BLINK 即可。如果要使字符带颜色闪烁，就必须将所选的颜色值与 128 作"或"运算或进行相加。如：

　　textcolor(BLINK); /*输出的字符闪烁*/

　　printf("hello");

　　textcolor(RED|BLINK); /*输出为红色同时闪烁，或写为 textcolor(BLINK+RED);*/

(2) 函数原型：

　　void textbackground(int bcolor);

功能：设置字符屏幕下文本的背景颜色。参数 bcolor 的有效值取表 5.2 中的 0～7。调用该函数只影响其后输出的字符背景颜色，而不改变当前显示在屏幕上的字符背景颜色。

(3) 函数原型：

　　void textattr(int attr);

功能：可同时设置文本字符的颜色和背景色。其中参数 attr 的值表示颜色编码，每位的具体含义如图 5.2 所示。

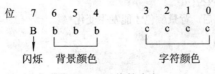

图 5.2　attr 值的含义

该字节的低四位表示字符颜色，4～6 位表示背景颜色，第 7 位设置字符是否闪烁。比如要将文本字符设置成蓝底白字，定义方法如下：

```
textattr(BLUE+(WHITE<<4));
```

若再要求字符闪烁，定义变为：

```
textattr(128+ BLUE+(WHITE<<4));
```

【程序 5.3】 闪烁字符。

```
#include "conio.h"
main()
{
    textbackground(GREEN);
    textcolor(YELLOW);
    clrscr();
    cprintf("Hi,how do you do!");
    textcolor(BLINK); /*输出的字符闪烁*/
    gotoxy(20,20);
    cprintf("hello");
    textcolor(RED|BLINK); /*输出为红色同时闪烁*/
    gotoxy(50,50);
    cprintf("nwu");
    getch();
}
```

注意：

(1) 对于背景色只有 0～7 共 8 种颜色，取大于 7 的数，则该数代表的颜色与将该数对 7 取余后的值对应的颜色相同。

(2) 用 textbackground()和 textcolor()设置了窗口的背景与字符颜色后，在没有用 clrscr() 清除窗口之前，颜色不会改变，直到使用了函数 clrscr()，整个窗口和随后输出到窗口中的文本字符才会变成新颜色。

(3) 用 textattr()函数设置文本字符颜色和背景颜色时，背景颜色应左移 4 位，才能使之移到正确位置。

【程序 5.4】 定义多个文本窗口。

```
#include <stdio.h>
#include <conio.h>
main()
{   int i;
    textbackground(BLUE);
    clrscr();   /*清屏后，背景颜色才能发生变化*/
    for(i=1; i<8; i++)
    {
        window(10+i*5, 5+i, 30+i*5, 15+i); /*定义文本窗口*/
```

```
        textbackground(i); /*  定义该窗口背景色  */
        clrscr();
    }
    window(10+3*5, 5+3, 30+3*5, 15+3);    /*  让第 3 个窗口为当前窗口*/
    getch();
}
```

5.2.4   屏幕状态函数

有时需要知道当前屏幕的显示方式，比如当前窗口的坐标、当前光标的位置、文本的显示属性等，C 提供了一些函数来获取这些信息。

(1) 函数原型：

```
void gettextinfo(struct text_info *f);
```

功能：获取当前屏幕的显示方式。这里的 text_info 是在 conio.h 头文件中定义的一个结构，该结构的定义是：

```
structtext_info(
        unsigned char winleft;                    /*当前窗口左上角 x 坐标*/
        unsigned char wintop;                     /*当前窗口左上角 y 坐标*/
        unsigned char winright;                   /*当前窗口右下角 x 坐标*/
        unsigned char winbottom;                  /*当前窗口右下角 y 坐标*/
        unsigned char attributes;                 /*文本属性*/
        unsigned char normattr;                   /*通常属性*/
        unsigned char currmode;                   /*当前文本方式*/
        unsigned char screenheight;               /*屏高*/
        unsigned char screenwidth;                /*屏宽*/
        unsigned char curx;                       /*当前光标的 x 值*/
        unsigned char cury;                       /*当前光标的 y 值*/
    };
```

通过下面两个函数可直接获取当前光标位置：

(2) 函数原型：

```
int wherex(void);
```

功能：返回当前窗口中光标处的横坐标。

(3) 函数原型：

```
int wherey(void);
```

功能：返回当前窗口中光标处的纵坐标。例如：

```
int xpos,ypos;
xpos=wherex();
ypos=wherey();
```

【程序 5.5】 获取当前屏幕属性。

```
#include <conio.h>
```

```
main()
{    struct text_info current;

     textbackground(BLUE);      /*设置屏幕背景颜色*/
     clrscr();

     window(1,1,60,20);
     textbackground(YELLOW); /*设置第一个窗口背景色*/
     clrscr();

     window(62,1,79,10);   /*设置第二个窗口背景色*/
     textbackground(GREEN);
     clrscr();

     window(1,1,60,20);   /*使第一个窗口成为当前窗口*/
     cputs("Current information of window\r\n");
     gettextinfo(&current);
     cprintf("Left corner of window is %d,%d\r\n",current.winleft,current.wintop);
     cprintf("Right corner of window is %d,%d\r\n",current.winright,current.winbottom);
     cprintf("Text window attribute is %d\r\n",current.attribute);
     cprintf("Text window normal attribute is %d\r\n",current.normattr);
     cprintf("Current video mode is %d\r\n",current.currmode);
     cprintf("Window height and width is %d,%d\r\n",
          current.screenheight,current.screenwidth);
     cprintf("Row cursor pos is %d,Column pos is %d\r\n",    current.cury,current.curx);
     getch();
}
```

执行结果如图 5.3 所示。

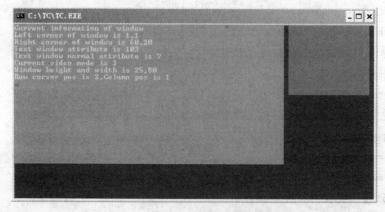

图 5.3　执行结果

5.3　图形系统初始化与关闭

5.3.1　图形系统初始化

图形模式初始化是通过函数 initgraph() 来完成的。其函数原型为：

　　　　void initgraph(int *gdriver, int *gmode, char *path);

功能：通过从磁盘上装入一个图形驱动程序来初始化图形系统，并将系统设置为图形模式。各参数的含义分别为：

gdriver 用来指定要装入的图形驱动程序，是一个枚举变量，在 graphics.h 中，即：

　　　　enum graphics_driver{

　　　　　　DETECT,CGA,MCGA,EGA,EGA64,EGAMONO,IBM8514,HERC,ATT400,

　　　　　　VGA,PC3270};

图形驱动程序由 Turbo C 出版商提供，文件扩展名为 .BGI。根据不同的图形适配器有不同的图形驱动程序。例如对于 EGA、VGA，图形适配器就调用驱动程序 EGAVGA.BGI。

gmode 用来设置图形显示模式。不同的图形驱动程序有不同的图形显示模式，即使是在同一个图形驱动程序下，也可能会有几种图形显示模式。图形显示模式决定了显示的分辨率、可同时显示的颜色的多少、调色板的设置方式以及存储图形的页数。

path 是一个字符串，用来指明图形驱动程序所在的路径。如果驱动程序就在用户当前目录下，则该参数可以为空字符串，否则应给出具体的路径名。

以上介绍了 initgraph 函数中的 3 个参数的含义。注意，前 2 个参数实际上是整型指针，调用时应加上地址运算符 "&"。(图形驱动器模式的符号常数及数值见附录 D。)

【程序 5.6】 使用图形初始化函数设置 VGA 高分辨率图形模式。

```
#include <graphics.h>
main()
{
        int gdriver, gmode;
        gdriver=VGA;
        gmode=VGAHI;
        initgraph(&gdriver, &gmode, "c:\\tc");
        bar3d(100, 100, 300, 250, 50, 1);          /*画一长方体*/
        getch(); /*这一句很重要，否则在关闭图形模式后，绘制的图形将消失*/
        closegraph();      /*关闭图形模式*/
}
```

有时编程者并不知道所用的图形显示适配器的种类，或者需要将编写的程序用于不同图形驱动器，为此，Turbo C 提供了一个自动检测显示器硬件的函数，其调用格式为：

　　　　void detectgraph(int *gdriver, *gmode);

其中，gdriver 和 gmode 的意义与 initgraph 函数中的相同。

【程序 5.7】 用函数进行硬件测试后再进行图形模式初始化。

```
#include <graphics.h>
main()
{
    int gdriver, gmode;
    detectgraph(&gdriver, &gmode);      /*自动测试硬件*/
    printf("the graphics driver is %d, mode is %d\n",
                gdriver, gmode);       /*输出测试结果*/
    getch();
    initgraph(&gdriver, &gmode, "c:\\tc");
                  /*根据测试结果初始化图形模型*/
    bar3d(10, 10, 130, 250, 20, 1);
    getch();
    closegraph();
}
```

程序 5.7 先对图形显示器自动检测，然后再用图形初始化函数进行初始化设置。Turbo C 提供了一种更简单的方法，即在 gdriver= DETECT 语句后再使用 initgraph()函数就行了。此时，系统自动检测图形适配器的最高分辨率模式，并装入相应的图形驱动程序。采用这种方法后，初始化图形模式变得更加简单，见程序 5.8。

【程序 5.8】 自动检测并初始化图形模式。

```
#include <graphics.h>
main()
{
    int gdriver=DETECT, gmode;
    initgraph(&gdriver, &gmode, "c:\\tc");
    bar3d(50, 50, 150, 30, 1);
    getch();
    closegraph();
}
```

使用 DETECT 模式，由系统自动对硬件进行检测，并把图形显示模式设置为检测到的驱动程序的最高分辨率。

5.3.2　独立图形运行程序的建立

用 initgraph 函数直接进行的图形初始化程序，在编译和连接时并没有将相应的驱动程序(*.BGI)装入到执行程序中，只有当程序执行到 intitgraph()语句时，才从该函数中第三个形式参数 char *path 中所规定的路径中去找相应的驱动程序。若没有驱动程序，则在 C:\TC 中去找，如 C:\TC 中仍没有或 TC 不存在，将会出现错误提示：

BGI Error: Graphics not initialized (use 'initgraph')

因此，为了使用方便，应该建立一个不需要驱动程序就能独立运行的可执行图形程序，其步骤为(这里以 EGA、VGA 显示器为例)：

(1) 在 C:\TC 子目录下输入命令：BGIOBJ EGAVGA。此命令将驱动程序 EGAVGA.BGI 转换成 EGAVGA.OBJ 的目标文件。

(2) 在 C:\TC 子目录下输入命令：TLIB LIB\GRAPHICS.LIB+EGAVGA。此命令的意思是将 EGAVGA.OBJ 的目标模块装到 GRAPHICS.LIB 库文件中。

(3) 在程序中调用 initgraph 函数之前加上一句：

  registerbgidriver(EGAVGA_driver);

该函数告诉连接程序在连接时把 EGAVGA 的驱动程序装入到用户的执行程序中。经过上面的处理后，编译、连接后的执行程序可在任何目录或其他兼容机上运行。

【程序 5.9】　独立图形运行程序的建立。

```
#include <graphics.h>
main()
{
        int gdriver=DETECT,gmode;
        registerbgidriver(EGAVGA_driver);   /*建立独立图形运行程序*/
        initgraph(&gdriver, &gmode,"c:\\tc");
        bar3d(50,50,250,150,20,1);
        getch();
        closegraph();
}
```

该程序经编译、连接后产生的执行程序可独立运行。如不初始化成 EGA 或 CGA 分辨率，而想初始化为 CGA 分辨率，则只需要将上述步骤和程序中有 EGAVGA 的地方用 CGA 代替即可。

5.3.3　关闭图形模式

在绘图结束后，要回到文本模式，以进行其他工作，这时应关闭图形模式。关闭图形模式的函数原型为：

  void closegraph(void);

功能：释放所有图形系统分配的存储区，恢复到调用 initgraph() 之前的状态。

5.4　图形模式屏幕管理

C 提供了多个函数用于对屏幕和视图区等进行控制管理。

5.4.1　设置视图区

在图形模式下，在屏幕上定义一个视图区(视图区相当于一个用于绘图的窗口)时，视图区的位置用屏幕绝对坐标定义，并且可以把视图区设置为剪裁和不剪裁两种状态。

函数原型：

```
void setviewport(int x1，int y1，int x2，int y2，int c);
```

其中：(x1，y1)为视图区的左上角坐标，(x2，y2)为视图区的右下角坐标，c 为裁剪状态参数。当 c＝1 时，超出视图区的图形部分会被自动裁剪掉；当 c＝0 时，对超出视图区的图形不作裁剪处理。

注意：

(1) 视图区建立以后，所有的图形输出坐标都是相对于当前视图区的，即视图区左上角为(0，0)点，而与图形在屏幕上的位置无关。

(2) 使用图视口设置函数 setviewport，可以在屏上设置不同的图视口——窗口，甚至多个窗口可以部分重叠，但是只有最后一次设置的窗口才是当前窗口，后面的图形操作都视为在此窗口中进行。若不清除那些窗口的内容，则它们仍在屏上保持，当要对它们中的某一个进行处理时，可再一次设置那个窗口一次，这样它就又变成当前窗口了。

5.4.2　清除视图区

函数原型：

```
void clearviewport();
```

功能：清除掉当前的视图区，将当前点位置设置于屏幕左上角(0，0)点处。执行后，原先设置的视图区将不复存在。

5.4.3　清屏

函数原型：

```
void cleardevice();
```

功能：立即清除全屏幕内容，并将当前点位置设置为原点(0，0)，但是不改变其他的图形系统设置，如线型、填充模式等；如果设置了视图区，则视图区的设置不变，当前点位置仍设置在视图区的左上角。

【程序 5.10】 视图区管理。

```
#include<graphics.h>
main()
{    int gdriver=DETECT,gmode,i;
     initgraph(&gdriver,&gmode,"c:\\tc");

     setviewport(0,0,200,200,1);
     for(i=0;i<100;i++)
     { cleardevice();
       rectangle(0,0,100+i,100+i);
       sleep(10000);
     }

     cleardevice();    clearviewport();
     setviewport(200,200,400,400,0);
```

```
       for(i=0;i<100;i++)
       {  cleardevice();
          circle(100,100,50);
          sleep(10000);
       }
       getch();
       closegraph();
    }
```

5.5　基本图形函数

绘图函数是进行图形操作的基础。用像素点几乎可以画出任何图形，但效率太低。为此 C 提供了大量的基本绘图函数，以方便使用图形设计。

在使用绘图函数时，要随时注意画图的"当前点位置"，它是绘图的起始位置。也就是说，图形总是从当前点开始画。画完一个图形后，有时当前点的位置不变，仍在原来的位置；有时则要把当前点移到新的位置。此外，为了从指定位置开始作图，有时需要先改变当前点位置，然后再作图。在调用绘图函数的时候要注意这些问题。

基本图形函数包括画点、线以及其他一些基本图形的函数。

5.5.1　图形属性控制

图形的属性控制包括控制颜色和线型。颜色有背景色和前景色之分。背景色指屏幕的颜色(即绘图时的底色)，前景色指绘图时图形线条所用的颜色。

任何绘图函数都是在当前的颜色(包括背景色和前景色)和线型状态下进行绘图的。前面所举的例子没有提到当前的颜色和线型，是因为用了系统的默认值(系统的默认值是：背景色为黑色，前景色为白色，线型为一点宽实线)。

如果绘制时要使用系统默认值以外的颜色和线型，则应利用图形属性控制函数另行设置。

1. 颜色设置

设置背景色：

　　void setbkcolor(int color);

设置作图色：

　　void setcolor(int color);

color 值如表 5.2 所示。

【程序 5.11】　有关颜色设置的使用。

```
    #include<graphics.h>
    main()
    { int gdriver=DETECT, gmode, i;
```

```
        initgraph(&gdriver, &gmode, "");          /*图形初始化*/
        setbkcolor(GREEN);                        /*设置图形背景*/
        for(i=0; i<=15; i++)
        {
            setcolor(i);                          /*设置不同作图色*/
            circle(320, 240, 20+i*10);            /*画半径不同的圆*/
            delay(100);                           /*延迟 100 ms */
        }
        for(i=0; i<=15; i++)
        {
            setbkcolor(i);                        /*设置不同背景色*/
            cleardevice();
            circle(320, 240, 20+i*10);
            delay(100);
        }
        getch();
        closegraph();
    }
```

注意：使用 setbkcolor()设置背景色时，它对整个屏幕背景起作用，而不是只改变当前视口内的背景；在用 setcolor()设置前景色时，它对当前视口起作用。若下一次设置视口时没有设置颜色，那么上次在另一视口内设置的颜色在本次设置的视口内仍起作用。

2. 线型设置

在没有对线型进行设定之前，使用其默认值，即一点宽的实线。但 C 也提供了可以改变线型的函数。线型包括宽度和形状。其中宽度只有两种选择：一点宽和三点宽(见表 5.3)，而线的形状则有五种(见表 5.4)。

表 5.3　有关线宽(thickness)

符号常数	数　值	含　义
NORM_WIDTH	1	一点宽
THICK_WIDTH	3	三点宽

表 5.4　有关线的形状(linestyle)

符号常数	数　值	含　义
SOLID_LINE	0	实线
DOTTED_LINE	1	点线
CENTER_LINE	2	中心线
DASHED_LINE	3	点画线
USERBIT_LINE	4	用户定义线

设置线型函数：

> void setlinestyle(int linestyle, unsigned upattern, int thickness);

其中，linestyle 是线的形状，见表 5.4；thickness 是线的宽度，见表 5.3；对于 upattern，只有 linestyle 选 USERBIT_LINE 时才有意义(选其他线型时，uppattern 取 0 即可)。此时 uppattern 的 16 位二进制数的每一位代表一个像素，如果该位为 1，则该像素打开，否则该像素关闭。

5.5.2　画点类函数

1. 画点函数

函数原型：

> void putpixel(int x, int y, int color);

功能：在坐标(x,y)处画一个颜色为 color 的像素。

在图形模式下，是按像素来定义坐标的。对于 VGA 适配器，它的最高分辨率为 640×480，其中 640 为整个屏幕从左到右所有像素的个数，480 为整个屏幕从上到下所有像素的个数。屏幕的左上角坐标为(0, 0)，右下角坐标为(639, 479)，水平方向从左到右为 x 轴正向，垂直方向从上到下为 y 轴正向。TURBO C 的图形函数都是相对于图形屏幕坐标，即像素来说的。

对于颜色 color 的值可从表 5.2 中获得。

对应于函数 putpixel() 的一个函数是：

> int getpixel(int x, int y);

功能：获得当前点(x, y)的颜色值，获得的颜色值作为返回值传回。

【程序 5.12】 采用点函数来画线。

```
#include<graphics.h>
main()
{
    int gdriver=DETECT,gmode,i;
    initgraph(&gdriver,&gmode,"c:\\tc");

    for(i=0; i<100; i++)
        putpixel(100+i,100+i,WHITE);
    getch();
    closegraph();
}
```

2. 有关点位置的其他函数

(1) 函数原型：

> int getmaxx();

功能：返回 x 轴的最大值。

(2) 函数原型：

```
int getmaxy();
```

功能：返回 y 轴的最大值。

(3) 函数原型：

```
int getx();
```

功能：返回当前点在 x 轴的位置。

(4) 函数原型：

```
int gety();
```

功能：返回当前点在 y 轴的位置。

(5) 函数原型：

```
void moveto(int x,int y);
```

功能：移动当前点到(x，y)处，在移动的过程中并不画点。

(6) 函数原型：

```
void moverel(int dx,int dy);
```

功能：移动当前点从现在的位置(x，y)到(x+dx，y+dy)，移动过程中同样不画点。

5.5.3 直线类函数

用直线类函数绘制直线图形，可以用两种坐标：一种是绝对坐标；另一种是相对坐标。
Turbo C 提供了一系列画线函数，分述如下：

(1) 函数原型：

```
void line(int x0, int y0, int x1, int y1);
```

功能：画一条从点(x0, y0)到(x1, y1)的直线。调用该函数后，当前点的位置并不变。

(2) 函数原型：

```
void lineto(int x, int y);
```

功能：画一条从当前点到点(x，y)的直线。调用该函数后，当前点的位置改变。

(3) 函数原型：

```
void linerel(int dx, int dy);
```

功能：画一条从当前点(x，y)到按相对增量确定的点(x+dx，y+dy)的直线。调用该函数
后，当前点的位置并不变。

【程序 5.13】 画线函数应用。

```
#include<stdio.h>
#include<graphics.h>
main()
{    int gdriver=DETECT,gmode;

     initgraph(&gdriver,&gmode,"c:\\tc");
     clearviewpoint();
     cleardevice();

     setlinestyle(SOLID_LINE,0, NORM_WIDTH);
     line(100,100,100,400);
```

```
        setlinestyle(DOTTED_LINE,0, NORM_WIDTH);
        line(100,400,400,400);

        setlinestyle(CENTER_LINE,0, THICK_WIDTH);
        line(400,400,400,100);

        setlestyle(DASHED_LINE,0, THICK_WIDTH);
        line(400,100,100,100);

        setlinestyle(USERBIT_LINE,1568, NORM_WIDTH);
        line(100,400,300,400);

        getch();
        closegraph();
    }
```

5.5.4　圆弧类函数

(1) 函数原型：

    void circle(int x, int y, int radius);

功能：画一个以(x，y)为圆心，radius 为半径的圆。

(2) 函数原型：

    void arc(int x, int y, int stangle, int endangle, int radius);

功能：画一段以(x，y)为圆心，radius 为半径，从 stangle 开始到 endangle 结束(用度表示)的圆弧线。TURBO C 中规定，x 轴正向为 0 度，逆时针方向每旋转 90°，依次为 90°、180°、270° 和 360° (其他有关函数也按此规定，不再重述)。

(3) 函数原型：

    void ellipse(int x, int y, int stangle, int endangle, int xradius, int yradius);

功能：以(x，y)为中心，以 xradius 和 yradius 为 x 轴和 y 轴半径，从角 stangle 开始画一段椭圆线到 endangle 结束。当 stangle=0，endangle=360 时，画出一个完整的椭圆。

(4) 函数原型：

    void pieslice(int x, int y, int stangle, int endangle, int radius);

功能：画一个以(x，y)为圆心，radius 为半径，stangle 为起始角度，endangle 为终止角度的扇形，再按规定方式填充。当 stangle=0，endangle=360 时变成一个实心圆，并在圆内从圆点沿 x 轴正向画一条半径。

(5) 函数原型：

    void sector(int x, int y, int stanle, intendangle, int xradius, int yradius);

功能：画一个以(x，y)为圆心，分别以 xradius、yradius 为 x 轴和 y 轴半径，stangle 为起始角，endangle 为终止角的椭圆扇形。再按规定方式填充。

【程序 5.14】 调用函数 ellipse 画出一个椭圆群。

```
        #include "graphics.h"
        main()
```

```
    {
        int   a=150, i;
        int gdriver=DETECT, gmode;
        initgraph(&gdrlver, &gmode, " ");

        for(i=10; i<=140; i+=10);
            ellipse(320, 240, 0, 360, a-i, i);
        getch();
        closegraph();
    }
```

5.5.5　多边形函数

(1) 函数原型：

```
    void rectangle(int x1, int y1, int x2, inty2);
```

功能：画一个以(x1，y1)为左上角，(x2，y2)为右下角的矩形框。

(2) 函数原型：

```
    void drawpoly(int numpoints, int far *polypoints);
```

功能：画一个顶点数为 numpoints，各顶点坐标由 polypoints 给出的多边形。polypoints 整型数组必须至少有 2 倍顶点数个元素。每一个顶点的坐标都定义为(x，y)，并且 x 在前。值得注意的是，当画一个封闭的多边形时，numpoints 的值取实际多边形的顶点数加一，并且数组 polypoints 中第一个和最后一个点的坐标相同。

(3) 函数原型：

```
    void bar(int x1, int y1, int x2, int y2);
```

功能：确定一个以(x1，y1)为左上角，(x2，y2)为右下角的矩形窗口，再按规定图形模式和颜色填充。此函数不画出边框，所以填充色为边框。

(4) 函数原型：

```
    void bar3d(int x1, int y1, int x2, int y2, int depth, int topflag);
```

功能：当 topflag 为非 0 时，该函数画出一个三维的长方体。当 topflag 为 0 时，三维图形不封顶，实际上很少这样使用。长方体第三维的方向不随任何参数而变，即始终为 45° 的方向。

【程序 5.15】 采用 drawpoly()画箭头。

```
    #include<stdlib.h>
    #include<graphics.h>
    main()
    {
        int gdriver, gmode, i;
        int arw[16]={200, 102, 300, 102, 300, 107, 330,
                    100, 300, 93, 300, 98, 200, 98, 200, 102};
        gdriver=DETECT;
        initgraph(&gdriver, &gmode, "");
```

```
        setbkcolor(BLUE);
        cleardevice();

         setcolor(12);           /*设置作图颜色*/
        drawpoly(8, arw);       /*画一箭头*/

         getch();
        closegraph();
    }
```

5.5.6 填充函数

1. 设置填充样式

函数原型:

        void setfillstyle(int pattern, int color);

其中,color 的值是当前屏幕图形模式下颜色的有效值。pattern 的值及与其等价的符号常数如表 5.5 所示。

表 5.5   pattern 取值

符号常数	数 值	含 义
EMPTY_FILL	0	以背景颜色填充
SOLID_FILL	1	实填充
LINE_FILL	2	以直线填充
LTSLASH_FILL	3	以斜线填充(阴影线)
SLASH_FILL	4	以粗斜线填充(粗阴影线)
BKSLASH_FILL	5	以粗反斜线填充(粗阴影线)
LTBKSLASH_FILL	6	以反斜线填充(阴影线)
HATCH_FILL	7	以直方网格填充
XHATCH_FILL	8	以斜网格填充
INTTERLEAVE_FILL	9	以间隔点填充
WIDE_DOT_FILL	10	以稀疏点填充
CLOSE_DOS_FILL	11	以密集点填充
USER_FILL	12	以用户定义式样填充

除 USER_FILL(用户定义填充式样)以外,其他填充式样均可由 setfillstyle()设置。当选用 USER_FILL 时,该函数对填充图形模式和颜色不作任何改变。之所以定义 USER_FILL 主要是因为在获取有关填充信息时要用到此项。

setfillstyle()只是设置了填充的式样,真正执行填充的函数为 floodfill()。

2. 设置填充位置

函数原型:

```
                void floodfill(int x, int y, int border);
```

其中，(x，y)为封闭图形内的任意一点；border 为边界的颜色，也就是封闭图形轮廓的颜色。调用了该函数后，将用规定的颜色和图形模式填满整个封闭图形。

【程序 5.16】 填充图形。

```
        #include "graphics.h"
        #include "stdio.h"
        main()
        {
            int i,c,x=5,y=6;
            int gdriver=DETECT,gmode;
            printf("input color number.\n ");
            scanf("%d ",&c);
            initgraph(&gdriver,&gmode, " ");
            setbkcolor(9);
            for(i=c;i<c+8;i++)
            {
                setcolor(i);
                rectangle(x,y,x+140,y+104);
                x=x+70;
                y=y+52;
                setfillstyle(1,i);
                floodfill(x,y,i);
            }
            getch();
            closegraph();
        }
```

5.6　图形模式下的文本输出

在文本模式下，只能用标准输出函数，如 printf()、puts()、putchar()等输出文本到屏幕，而不能用其他输出函数(如窗口输出函数)。即使使用标准输出函数，也只以前景色为白色，按 80 列、25 行的文本方式输出。Turbo C 2.0 也提供了一些专门用于在图形显示模式下进行文本输出的函数。下面将分别进行介绍。

5.6.1　文本输出函数

(1) 函数原型：

```
        void outtext(char *textstring);
```

功能：在现行位置输出字符串指针 textstring 所指的文本。

(2) 函数原型：

　　　　void outtextxy(int x, int y, char *textstring);

功能：在规定的(x，y)位置输出字符串指针 textstring 所指的文本。其中 x 和 y 为像素坐标。

以上两个函数都输出字符串，但经常会有输出数值或其他类型数据的情况，此时就必须使用格式化输出函数 sprintf()。

函数原型：

　　　　int sprintf(char *str, char *format, variable-list);

与 printf 函数不同，sprintf()是将按格式化规定的内容写入 str 指向的字符串中，返回值等于写入的字符个数。例如：

　　　　sprintf(s, "your TOEFL score is %d", mark);

这里，s 应是字符串指针或数组，mark 为整型变量。

5.6.2　有关文本字体、字型和输出方式的设置

有关图形方式下的文本输出函数，可以通过 setcolor 函数设置输出文本的颜色。另外，也可以改变文本的字体和大小以及选择是水平方向输出还是垂直方向输出。

1. 设置文本的对齐位置

对使用 outtextxy(int x, int y, char far *str textstring)函数所输出的字符串，其中哪个点对应于定位坐标(x，y)在 Turbo C 2.0 中是有规定的。如果把一个字符串看成一个长方形的图形，在水平方向显示时，字符串长方形按垂直方向可分为顶部、中部和底部三个位置，水平方向可分为左、中、右三个位置，两者结合就有 9 个位置。

函数原型：

　　　　void settextjustify(int horiz, int vert);

该函数用于定位输出字符串。第一个参数 horiz 指出水平方向三个位置中的一个；第二个参数 vert 指出垂直方向三个位置中的一个。二者结合，就确定了其中一个位置。当规定了这个位置后，用 outtextxy 函数输出字符串时，字符串长方形的这个规定位置就对准函数中的(x, y)位置。而对用 outtext 函数输出的字符串，这个规定的位置就位于现行游标的位置。有关参数 horiz 和 vert 的取值参见表 5.6。

表 5.6　参数 horiz 和 vert 的取值

符号常数	数　值	用　于
LEFT_TEXT	0	水平
RIGHT_TEXT	2	水平
BOTTOM_TEXT	0	垂直
TOP_TEXT	2	垂直
CENTER_TEXT	1	水平或垂直

2. 设置字体、方向及大小

函数原型：

void settextstyle(int font, int direction, int charsize);

该函数用来设置输出字符的字形(由 font 确定)、输出方向(由 direction 确定)和字符大小(由 charsize 确定)等特性。Turbo C 2.0 对函数中各个参数的规定如表 5.7～表 5.9 所示。

表 5.7 font 的取值

符号常数	数 值	含 义
DEFAULT_FONT	0	8×8 点阵字(缺省值)
TRIPLEX_FONT	1	三倍笔画字体
SMALL_FONT	2	小号笔画字体
SANSSERIF_FONT	3	无衬线笔画字体
GOTHIC_FONT	4	黑体笔画字

表 5.8 direction 的取值

符号常数	数 值	含 义
HORIZ_DIR	0	从左到右
VERT_DIR	1	从底到顶

表 5.9 charsize 的取值

符号常数或数值	含 义
USER_CHAR_SIZE =0	用户定义的字符大小
1	8×8 点阵
2	16×16 点阵
3	24×24 点阵
4	32×32 点阵
5	40×40 点阵
6	48×48 点阵
7	56×56 点阵
8	64×64 点阵
9	72×72 点阵
10	80×80 点阵

当 charsize 取值为 USER_CHAR_SIZE 时，需要使用 setusercharsize 函数，对笔画字体可以分别设置水平和垂直方向的放大倍数。该函数的调用格式为：

void setusercharsize(int mulx, int divx, int muly, int divy);

每个显示在屏幕上的字符都以其缺省大小乘以 mulx/divx 为输出字符宽,乘以 muly/divy 为输出字符高。

有关图形屏幕下文本输出及字体、大小设置函数的用法请看程序 5.17 和程序 5.18。

【程序 5.17】 字体设置与文本输出。

```c
#include<graphics.h>
#include<stdio.h>
main()
```

```
    {
        int i, gdriver, gmode;
        char s[30];
        gdriver=DETECT;
        initgraph(&gdriver, &gmode, "");

        setbkcolor(BLUE);
        cleardevice();

        setviewport(100, 100, 540, 380, 1);    /*定义一个图形窗口*/
        setfillstyle(1, 2);                     /*绿色，实填充*/

        setcolor(YELLOW);
        rectangle(0, 0, 439, 279);
        floodfill(50, 50, 14);

        setcolor(12);
        settextstyle(1, 0, 8);                  /*三重笔画字体, 水平放大 8 倍*/
        outtextxy(20, 20, "Good Better");

        setcolor(15);
        settextstyle(3, 0, 5);                  /*无衬笔画字体, 水平放大 5 倍*/
        outtextxy(120, 120, "Good Better");

        setcolor(14);
        settextstyle(2, 0, 8);
        i=620;
        sprintf(s, "Your score is %d", i);      /*将数字转化为字符串*/
        outtextxy(30, 200, s);                  /*指定位置输出字符串*/

        setcolor(1);
        settextstyle(4, 0, 3);
        outtextxy(70, 240, s);

        getch();
        closegraph();
    }
```

【例 5.18】　用户设定文本输出大小。

```
    #include<stdio.h>
```

```
#include<graphics.h>
void main()
{   int gdriver, gmode;
    gdriver=DETECT;
    initgraph(&gdriver, &gmode, "");

    setbkcolor(BLUE);
    cleardevice();
    setfillstyle(1, 2);                   /*设置填充方式*/

    setcolor(WHITE);                      /*设置白色作图*/
    rectangle(100, 100, 330, 380);
    floodfill(50, 50, 15);                /*填充方框以外的区域*/

    setcolor(12);                         /*作图色为淡红*/
    settextstyle(1, 0, 8);                /*三重笔画字体, 放大 8 倍*/
    outtextxy(120, 120, "Very Good");
    setusercharsize(2, 1, 4, 1);          /*水平放大 2 倍, 垂直放大 4 倍*/

    setcolor(15);
    settextstyle(3, 0, 5);                /*无衬字笔画, 放大 5 倍*/
    outtextxy(220, 220, "Very Good");
    setusercharsize(4, 1, 1, 1);
    settextstyle(3, 0, 0);
    outtextxy(180, 320, "Good");
    getch();
    closegraph();
}
```

5.6.3　汉字输出

1．汉字在计算机中的编码形式

我们都知道，在计算机中英文字符是用一个字节的 ASCII 码表示的，该字节最高位一般用于奇偶校验，故实际上是用 7 位码来代表 128 个字符的。但是对于众多的汉字，需要用两个字节才能表示。为了表示汉字，国家制定了统一的标准，称为国标码。国标码规定，组成汉字代码的两个字节的最高位为 0，这和英文字符的表示方法相同，但这有可能把汉字的国标码看成是两个 ASCII 码。为此又规定在计算机里表示汉字时，把两个字节的最高位都置为 1，表示该码是汉字。这种最高位为 1 的代码称为机器内的汉字代码，简称内码。计算机里汉字就是用内码表示的。

例如，"大"的国际码和内码分别是：

国标码　　3473　　　　　　00110100　　01110011

内码　　　B4F3　　　　　　10110100　　11110011

知道汉字在计算机里是用内码表示的以后，还需要知道具体汉字的结构。我国在 1981
年公布了《通信用汉字字符集及其交换码标准》GB2312—80 方案，里面规定了高频字、常
用字、次常用字共 6763 个，还有希腊字母、日文字符、图形符号等一共 7000 余个。国家
标准的汉字字符集在汉字操作系统中是以汉字库的形式提供的。汉字库规定，字库分为 94
个区(区号)，每个区有 94 个汉字(位号)，这就是所谓的区位码(区位码第一字节是区号，第
二字节是位号，知道了区位码就等于知道了该汉字在字库中的位置)。每个汉字在字库中是
以点阵字模形式存储的，如一般采用 16×16 点阵形式，就需要 32 字节存储。在 16×16 点
阵里，存 1 的点在显示时为一个亮点，存 0 的点不显示，这样汉字就能显示出来了。简单
写一下"大"这个字的字模，如图 5.4 所示。

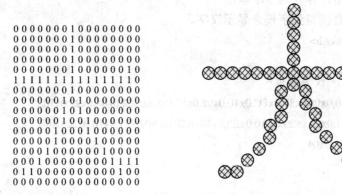

0000000100000000
0000000100000000
0000000100000000
0000000100000000
0000000100000010
1111111111111110
0000000100000000
0000001010000000
0000001010000000
0000010010000000
0000010001000000
0000100001000000
0001000000100000
0010000000011111
0110000000000100
0000000000000000

图 5.4　"大"的字模

用十六进制表示"大"的字模为：

0x01,0x00,0x01,0x00,0x01,0x00,0x01,0x00,

0x01,0x04,0xFF,0xFE,0x01,0x00,0x02,0x80,

0x02,0x80,0x02,0x40,0x04,0x40,0x04,0x20,

0x08,0x10,0x10,0x0E,0x60,0x04,0x00,0x00

这样当需要显示"大"这个汉字时，首先把这个字模取出，然后逐位显示，即为 1 时
显示，为 0 时不显示，屏幕上就会出现"大"这个汉字。获取字模的方法有：

(1) 从一些软件中直接得到字模，如 win-TC 中就有，或者从网上下载一些能产生字模
的软件。

(2) 从汉字字库中得到。

从前面的分析可以看出，要从汉字字库中得到字模，需要知道区号和位号。汉字在计
算机里是用内码存储的。内码和区位码的转换关系是(还以"大"字为例)：

区号：B4-A0　　　　　　　　　位号：F3-A0

也就是说，把内码减去 A0 就是区位码，所以"大"这个汉字就在 14H 区 53H 号，也就是
第 20 区第 83 号。由于每个区有 94 个汉字，因此"大"这个字应该是在汉字库的第(20−1)
×94＋(83−1)个汉字位置(每个汉字字模占 32 字节)。

【程序 5.19】 得到汉字的区位码。

```
main()
{
    unsigned    char    *s="大";
    printf("%x,%x\n",s[0],s[1]);
    getch();
}
```

运行程序发现，输出就是 b4、f3。

2. 在西文方式下显示中文

要想显示汉字，总体来说有两个步骤：

(1) 获取字模。

(2) 存 1 的点显示，存 0 的点不显示。

【程序 5.20】 直接得到字模来显示汉字。

```
#include<graphics.h>

char han[]={    /*"汉"的字模*/
0x00,0x00,0x40,0x08,0x37,0xFC,0x10,0x08,0x82,0x08,0x62,0x08,0x22,0x10,
0x09,0x10,0x11,0x20,0x20,0xA0,0xE0,0x40,0x20,0xA0,0x21,0x10,0x22,0x08,
0x24,0x0E,0x08,0x04
};

char zi[]={/*"字"的字模*/
0x02,0x00,0x01,0x00,0x3F,0xFC,0x20,0x04,0x40,0x08,0x1F,0xE0,0x00,0x40,
0x00,0x80,0x01,0x04,0xFF,0xFE,0x01,0x00,0x01,0x00,0x01,0x00,0x01,0x00,
0x05,0x00,0x02,0x00
};

char xian[]={/*"显"的字模*/
0x00,0x10,0x1F,0xF8,0x10,0x10,0x10,0x10,0x1F,0xF0,0x10,0x10,0x10,0x10,
0x1F,0xF0,0x14,0x50,0x44,0x44,0x34,0x4C,0x14,0x50,0x04,0x40,0x04,0x44,
0xFF,0xFE,0x00,0x00
};

char shi[]={/*"示"的字模*/
0x00,0x10,0x3F,0xF8,0x00,0x00,0x00,0x00,0x00,0x00,0x00,0x04,0xFF,0xFE,
0x01,0x00,0x01,0x00,0x09,0x20,0x19,0x18,0x21,0x0C,0x41,0x04,0x01,0x00,
0x05,0x00,0x02,0x00
};
```

```
/*显示汉字*/
void drawmat(char *mat,int matsize,int x,int y,int color)
/*依次是字模指针、点阵大小、起始坐标(x,y)、颜色*/
{int i,j,k,n;
 /*有些汉字一行的二进制位数不是 8 的倍数，所以会用 0 补。n 是字模一行的字节个数*/
 n=(matsize-1)/8+1;
 for(j=0;j<matsize;j++)          /*控制行*/
  for(i=0;i<n;i++)              /*一行的字节数*/
   for(k=0;k<8;k++)            /*一个字节有 8 位，逐位测试*/
    if(mat[j*n+i]&(0x80>>k))    /*测试为 1 的位则显示*/
     putpixel(x+i*8+k,y+j,color);
}


main()
{
int gdriver, gmode;
gdriver=DETECT;
initgraph(&gdriver, &gmode, "c:\\tc");

drawmat(han,16,160,50,GREEN);
drawmat(zi,16,200,50,RED);
drawmat(xian,16,240,50,YELLOW);
drawmat(shi,16,280,50,WHITE);

getch();
closegraph();
}
```

【程序 5.21】　通过汉字字库获取字模显示汉字。

```
#include <graphics.h>
#include "stdio.h"


#define COL 2
main()
{
    int x,y;

    char *s="下午好！汉字显示程序";
    FILE *fp;
```

```
        char buffer[32];
        register m,n,i,j,k;
        unsigned char qh,wh;
        unsigned long offset;
        int gd=DETECT,gm;

        initgraph(&gd,&gm,"c:\\tc");
            /*字库文件 hzk16 需要放置在 c:\下*/
        if ((fp=fopen("c:\\hzk16","rb"))==NULL)
        {
            printf("Can't open haz16,Please add it");
            getch(); closegraph(); exit(0);
        }

        x=100; y=100;     /*汉字起始坐标*/
        while(*s)
        {
            qh=*(s)-0xa1;
            wh=*(s+1)-0xa1;

            offset=(94*qh+wh)*32L;
            fseek(fp,offset,SEEK_SET);
            fread(buffer,32,1,fp);

            for(j=0;j<16;j++)
                    for(i=0;i<COL;i++)
                        for(k=0;k<8;k++)
                            if(buffer[j*COL+i]&(0x80>>k))    /*测试为 1 的位则显示*/
                            putpixel(x+i*8+k,y+j,GREEN);
            s+=2;
            x+=30;
        }
        getch();
        closegraph();
    }
```

以上两个程序用的都是 16×16 的汉字字模，如果想使用 24×24 的，或者正楷、黑体、隶书等汉字字体，就需要使用不同的汉字库，例如 hzk24k(正楷)、hzk24h(黑体)等。

3. 中文模式下显示中文

这个问题比较简单，就是先进入 UCDOS 等类似的中文平台，其余操作和普通的字符串显示类似。

【程序 5.22】　中文平台下显示中文。

```
main()
{
    char    *s="中华人民共和国";
    printf("%s\n",s);
    getch();
}
```

运行此程序前要先进入 UCDOS 等中文平台，由于各计算机不一定都装有 UCDOS，所以一般都不这样使用，而采用前面说的西文模式下显示中文。

5.7　动　画　设　计

5.7.1　动画的原理

动画是由很多静止画面组成的，每张画面之间都有微小的差别，当播放画面时，将这些画面按顺序一张一张很快地显示，看起来画面就是连续的了。这是由于视觉残留作用的缘故。人的视觉有一种惰性，当看一幅画的时候，这幅画的信息就保存在大脑里了，即使这幅画突然消失，保存的信息也将保留一会儿(大约 1/10 s)，大脑的感觉就好像这幅画还存在似的，这就是视觉残留。由于人眼的视觉残留时间大约是 1/10 s，因此显示图片的速度要高于每秒 10 幅才不会感觉到画面是断续的。实际上，电视中动画片每秒显示 24 幅图片。

计算机动画是在屏幕上快速连续地显示一连串图像，利用视觉残留效应，产生连续的动作画面而形成的。

计算机实现动画的思路是：定位——画——擦除——再画——再擦除。动画实现过程是：首先在屏幕的当前位置画对象并保持一定的时间；接着从屏幕的当前位置删除对象；然后找到计算机屏幕上对象的新位置，在新位置上画对象。这样周而复始，从而产生动画效果，如图 5.5 所示。

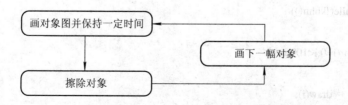

图 5.5　动画实现过程

5.7.2 C 语言中实现动画的方法

用 C 语言实现动画的方法有很多种，下面配合实例介绍三种常用的方法。

1. 利用移动法实现动画

根据目标的大小及移动距离的长短分成若干步来移动。在延迟若干时间后，擦除原来的目标，同时将目标移动到新位置。

TC 中能实现延迟的有两个函数 delay()和 sleep()。它们的原型包含在 dos.h 文件中，分别如下：

```
void delay(unsigned milliseconds);

void sleep(unsigned seconds);
```

可以看出，delay()的参数是以毫秒为单位的，sleep 的参数是以秒为单位的。另外这两个函数还有本质的区别：delay()是循环等待，该程序的进程一直会占用处理器。而 sleep()会把该程序的进程挂起，把处理器让给其他的进程。另外，delay 随着机器性能的不同有时候会不精确，需要反复设置。因此，尽量使用 sleep()。

【程序 5.23】 利用移动法实现动画。

```c
#include<graphics.h>
/*绘图*/
void draw(int i)
{
    setcolor(LIGHTRED);
    circle(50+i, 50+i,30);

    setfillstyle(1,YELLOW);
    floodfill(50+i,50+i,LIGHTRED);
}


main()
{
    int i,j, gdriver=DETECT, gmode;
    initgraph(&gdriver, &gmode, "");

    setbkcolor(BLUE);
    while(!kbhit())
    {
      for(i=0;i<100;i++)
      {
          draw(i);
          delay(100);   /*延迟 0.1 s，或者用 sleep(1);*/
```

```
        cleardevice();
        if(!kbhit()) break;
    }


    for(i=100;i>0;i--)
    {
        draw(i);
        delay(100);   /*或者 sleep(1);*/
        cleardevice();
        if(kbhit()) break;
    }
}
```

这种方法每移动一步都要在中间点上重新绘制移动目标,若移动目标小且绘制内容简单,则较容易实现;而当被移动目标大且绘制较复杂时,采用这样的方法效果并不理想。

2. 采用先存储再显示的方法实现动画

将要产生动画的对象用 getimage 函数存到显示缓冲区内,需要播放时,采用 putimage 函数将它们重新显示出来。

函数原型:

```
        unsigned imagesize(int xl,int yl,int x2,int y2);
```

功能:返回由(x1,y1)和(x2,y2)指定的屏幕矩形区域内容所占的字节数。

```
        void getimage(int xl,int yl, int x2,int y2, void *mapbuf);
```

功能:将由(x1,y1)和(x2,y2)指定的屏幕矩形区域内容保存到存储区 mapbuf 中。

```
        void putimage(int x,int,y,void * mapbuf, int op);
```

功能:将以前用 getimage 保存的图像重新送回屏幕,图像的左上角坐标为(x,y),mapbuf 为指向保存源图像的存储区域的指针,op 是一个组合算子,用于计算最终的颜色。其取值见表 5.10。

表 5.10　putimage 函数中 op 参数的取值

符号常数	数值	含　义
COPY_PUT	0	复制
XOR_PUT	1	与屏幕图像异或的复制
OR_PUT	2	与屏幕图像或后复制
AND_PUT	3	与屏幕图像与后复制
NOT_PUT	4	复制反像的图形

首先通过函数 imagesize()测试要保存的左上角为(x1,y1),右下角为(x2,y2)的图形屏幕区域内的全部内容需多少个字节,然后再给 mapbuf 分配一个所测数字节内存空间的指针。通过调用 getimage()函数就可将该区域内的图像保存在内存中,需要时可用 putimage()

函数将该图像输出到左上角为点(x，y)的位置上。

【程序 5.24】 利用先存储再显示的方法实现动画。

```c
#include<graphics.h>
void main()
{
    int i, gdriver, gmode, size;
    void *buf;

    gdriver=DETECT;
    initgraph(&gdriver, &gmode, "");

    setbkcolor(BLUE);
    setcolor(LIGHTRED);
    setlinestyle(0,0,1);
    setfillstyle(1, 10);

    circle(100, 200, 30);
    floodfill(100, 200, 12);
    size=imagesize(69, 169, 131, 231);      /*计算图像所占内存字节*/
    buf=(void*)malloc(size);                /*为其分配内存空间*/

    getimage(69, 169, 131, 231,buf);        /*保存圆球*/
    putimage(500, 269, buf, COPY_PUT);
    while(1)
    {
        for(i=0; i<185; i++)
        {
            putimage(70+i, 170, buf, COPY_PUT);
            putimage(500-i, 170, buf, COPY_PUT);
        }

        for(i=0;i<185; i++)
        {
            putimage(255-i, 170, buf, COPY_PUT);
            putimage(315+i, 170, buf, COPY_PUT);
        }
    }

    getch();
```

```
            closegraph();
        }
```

3. 采用活动页实现动画

一些计算机的图形硬件提供了两个以上独立的存储区或存储页，用户可以在这些区域 (页)中进行绘图、显示。这种方法只适用于几种图形适配器，如 VGA 有两个屏幕页，EGA 有四个屏幕页。用到的两个函数原型如下：

```
        void setactivepage(int pagenum);
```

功能：为图形输出选择激活页。所谓激活页，是指后续图形的输出被写到函数选定的 pagenum 页面，该页面并不一定可见。

```
        void setvisualpage(int pagenum);
```

功能：使 pagenum 所指定的页面变成可见页。页面从 0 开始(Turbo C 默认页)。

该方法产生动画的原理是：先用 setactivepage()函数在不同页面上画出一幅图像，再用 setvisualpage()函数交替显示，从而实现一些动画的效果。

【程序 5.25】　利用活动页的方法实现动画。

```
        #include<stdio.h>
        #include<graphics.h>
        #include<dos.h>
        #include<conio.h>
        main()
        { int gdriver=DETECT,gmode;
            int i,p=1;
            initgraph(&gdriver,&gmode,"c:\\tc");

            setactivepage(1);
            ellipse(100,100,0,360,50,20);
            circle(300,300,50);

            setactivepage(0);
            ellipse(200,200,0,360,20,50);

            for(i=0;i<10;i++)
            {
                setvisualpage(p=(p==1?0:1));
                sleep(1);
            }

            getch();
        }
```

5.7.3 动画综合实例

【程序 5.26】 绕地球旋转的飞船。

```c
#include<stdio.h>
#include<graphics.h>
#include<dos.h>
#include<conio.h>
#include <stdlib.h>

#define IMAGE_SIZE 10              /*宏定义*/

void draw_image(int x,int y);      /*画飞船函数的说明语句*/
void Putstar(void);                /*画星星函数的说明语句*/

main ()
{
    int graphdriver=DETECT;        /*检测适配器*/
    int graphmode,color;           /*最高分辨率的值和色彩的值*/
    void *pt_addr;                 /*全局变量，用于存储图像,定义缓冲区空间*/
    int x,y,maxx,maxy,midy,midx,i; /*定义各变量的数据类型*/
    unsigned int size;

    initgraph(&graphdriver,&graphmode,"");
    maxx=getmaxx();                /*取得当前图形方式下允许的 x 最大值*/
    maxy=getmaxy();                /*取得当前图形方式下允许的 y 最大值*/
    midx=maxx/2;
    x=0;                           /*定义 x 的初始量为 0*/
    midy=y=maxy/2;

    setcolor(YELLOW);              /*前景颜色设置为黄色*/
    settextstyle(TRIPLEX_FONT,HORIZ_DIR,4);
    settextjustify(CENTER_TEXT,CENTER_TEXT);
    outtextxy(midx,400,"AROUND THE WORLD");

    setbkcolor(BLACK);             /*背景颜色设置函数，用法和 setcolor 相同*/
    setcolor(RED);
    setlinestyle(SOLID_LINE,0,THICK_WIDTH);
    ellipse(midx,midy,130,50,160,30); /*绘制轨道*/
```

```
            setlinestyle(SOLID_LINE,0,NORM_WIDTH);
      draw_image(x,y);                          /*绘制飞船*/

      size=imagesize(x,y-IMAGE_SIZE,x+(4*IMAGE_SIZE),y+IMAGE_SIZE);
      pt_addr=malloc(size);
      getimage(x,y-IMAGE_SIZE,x+(4*IMAGE_SIZE),y+IMAGE_SIZE,pt_addr);
      Putstar();                                /*画星*/
      setcolor(WHITE);                          /*前景颜色为白色*/
      setlinestyle(SOLID_LINE,0,NORM_WIDTH);
      rectangle(0,0,maxx,maxy);                 /*画矩形框*/

      while(!kbhit())
      {
          Putstar();
          setcolor(RED);
          setlinestyle(SOLID_LINE,0,THICK_WIDTH);
          ellipse(midx,midy,130,50,160,30);           绘制红色轨道*/
          setcolor(BLACK);
          ellipse(midx,midy,130,50,160,30);           用黑色绘制轨道*/

          for(i=0;i<=13;i++)
          {
              setcolor(i%2==0?LIGHTBLUE:BLACK);    /*i 值不同时选择的颜色也不同*/
              ellipse(midx,midy,0,360,100,100-8*i);  /*画地球*/
              setcolor(LIGHTBLUE);
              ellipse(midx,midy,0,360,100-8*i,100);
          }

          putimage(x,y-IMAGE_SIZE,pt_addr,XOR_PUT);  /*恢复原先的画面*/
          x=x>=maxx?0:x+6;
          putimage(x,y-IMAGE_SIZE,pt_addr,XOR_PUT);  /*在另一位置显示飞船*/
      }
      free(pt_addr);                                 /*释放缓冲区空间*/
      closegraph();
      return;
  }
void draw_image(int x,int y)
{
```

```c
    int arw[11];
    arw[0]=x+10;arw[1]=y-10;arw[2]=x+34;arw[3]=y-6;
    arw[4]=x+34;arw[5]=y+6;arw[6]=x+10;arw[7]=y+10;
    arw[9]=x+10;arw[10]=y-10;
    moveto(x+10,y-4);
    setcolor(14);
    setfillstyle(1,4);
    linerel(-3*10,-2*8);
    moveto(x+10,y+4);
    linerel(-3*10,+2*8);
    moveto(x+10,y);
    linerel(-3*10,0);
    setcolor(3);
    setfillstyle(1,LIGHTBLUE);
    fillpoly(4,arw);
}


void Putstar(void)
{
    int seed=1858;
    int i,dotx,doty,h,w,color,maxcolor;

    maxcolor=getmaxcolor();
    w=getmaxx();
    h=getmaxy();
    srand(seed);
    for(i=0;i<250;++i)
    {
        dotx=i+random(w-1);
        doty=i+random(h-1);
        color=random(maxcolor);
        setcolor(color);
        putpixel(dotx,doty,color);
        circle(dotx+1,doty+1,1);
    }
    srand(seed);
}
```

习　题　5

1. 简述显示器的两种工作模式。

2. 用画点函数从点(20，20)到点(400，400)绘制直线，要求用颜色区分各个点。

3. 在红色的屏幕中央画一个填充为黄色的五角星。

4. 在屏幕中央画一个正 n 边形，n 由键盘输入(n>2)。

5. 画一个饼图，并用不同的颜色填充，同时显示各自比例，比例分别为 10%、20%、30%、40%。

实　验　5

1. 在 TC 2.0 环境下编写程序，程序运行结果界面如图 5.6 所示(文本内容不限)。

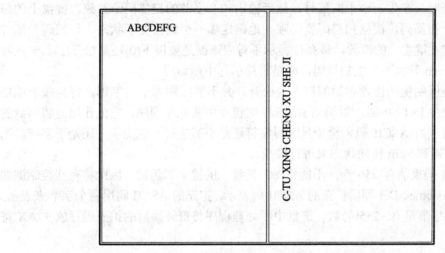

图 5.6　文本框

2. 用不同的颜色和大小在屏幕上显示汉字"汉字显示程序示例"。

3. 绘制一个小车，在屏幕上来回跑动。

第 6 章　键盘与鼠标操作

6.1　键　盘

6.1.1　键盘编码

键盘内有一个微处理器，专门用来扫描和检测每个键的按下和抬起状态。当检测到某键被按下或松开时，产生一个中断信号，然后输出一个字节的扫描码给系统。键盘上的每个键都对应一个扫描码，根据扫描码就能唯一地确定哪一个键改变了状态。扫描码的低 7 位标示了每个键在键盘上的位置，最高位标示了对应该键是被按下(0)还是松开(1)。一些特殊键如 Print-Screen 等将不产生扫描码，而是直接引起中断调用。

扫描码仅能区别键的位置和键的按下与松开，并不能区别大小写字母。每当按下或松开某键时，便产生 INT9 中断，以调用 BIOS 中的键盘中断处理程序，它的作用是将得到的扫描码翻译成对应的 ASCII 码，至于是大写字符还是小写字符，或上字符还是下字符，则参照 Caps Lock 键和 Shift 键的状态来进行转换。

由于 ASCII 码仅能有 256 个，不能将 PC 键盘上的键全部包括，因此将有些控制键如 Ctrl、Alt、End、Home、Del 等用扩充的 ASCII 码表示。扩充的 ASCII 码用两个字节来表示，低字节是 0，高字节是 0～255 的数。键盘中断处理程序将把转换后的扩充码存放在 AX 寄存器中。

6.1.2　键盘操作函数

如何判断哪个键被按下，一般有两种方法：方法一是使用 TC 提供的键盘操作函数 bioskey()来识别；方法二是使用中断函数 int86()来实现。这两个函数都包含在 bios.h 中。

函数原型：

  int bioskey(int cmd);

功能：使用 BIOS 服务的键盘接口，其中参数 cmd 的取值及意义如下：

0：若没有键按下，该函数返回 0，并一直等待；若有键按下，则从缓冲区中取走该键，并返回一个 16 位(两个字节)的编码。此时，若返回值的低 8 位为非零值，则表示为普通键，其值代表该键的 ASCII 码；若返回值的低 8 位为 0，则高 8 位表示为扩展的 ASCII 码，表示按下的是特殊功能键。

1：查看是否有键可读。如有，则返回一个非 0 的 16 位值，该值就是键的编码，但不将该键从缓冲区取走；若无键可读，返回 0。

2：返回键盘状态字节。

键盘状态字节各位的含义如表 6.1 所示。

表 6.1　键盘状态字节各位的含义

位数	对应十六进制	含 义
0	0x01	右 Shift 被按下
1	0x02	左 Shift 被按下
2	0x04	控制键被 Ctrl 按下
3	0x08	交替键被 Alt 按下
4	0x10	Scroll Lock 状态已打开
5	0x20	Num Lock 状态已打开
6	0x40	Caps Lock 状态已打开
7	0x80	Insert 状态已打开

当某位为 1 时，表示相应的键已经被按下或功能已被打开。如果调用 key=bioskey(2)；返回 0x41，则表示右 Shift 键被按下，同时，大写字母 Caps Lock 键的状态被打开。

【程序 6.1】 键盘操作示例。

```c
#include <bios.h>
#include <ctype.h>
#define RIGHT   0x01
#define LEFT    0x02
#define CTRL    0x04
#define ALT     0x08
main(void)
{
    int key, modifiers;

    while (bioskey(1) == 0); /* ues 1 returns 0 until a key is pressed */
    key = bioskey(0);        /* use 0 returns the key that is waiting */
    modifiers = bioskey(2);  /* use 2 to determine if special keys were used */
    if (modifiers)
    {   printf("[");
        if (modifiers & RIGHT) printf("RIGHT");
        if (modifiers & LEFT)  printf("LEFT");
        if (modifiers & CTRL)  printf("CTRL");
        if (modifiers & ALT)   printf("ALT");
        printf("]");
    }

    if (isalnum(key & 0xFF)) /* print out the character read */
```

```
            printf("'%c'\n", key);
        else
            printf("%#02x\n", key);
        return 0;
    }
```

int86()的使用参见 6.2.1。

6.1.3　键盘操作综合实例

程序 6.2 是一个用键盘绘图的简单程序，定义了几个特殊键：

"V"：画笔提起。

"W"：开始画图。

"R"：开始擦图。

"S"：当前图形存入文件。

"E"：调出已有文件。

"C"：画圆。

程序一运行，屏幕上出现一个黄色的边框来设定画图的区域，区域中间出现提起的画笔符号↑。当按下"W"键时，画笔符号变为▲，此时可移动方向键(上、下、左、右、左上、左下、右上、右下)来画图；当按下"R"键时，画笔符号变为∧，此时可移动方向键来擦图；在画图过程中，按下"C"键，可画出一个半径为 20 个像素点的圆；当结束画图时，按下"S"键，将画好的图形存盘；按下"E"键可调出已有的图形进行编辑。

【程序 6.2】　用键盘操作绘图。

```
# include "graphics.h"
# include "stdio.h"
# include "fcntl.h"
# include "stdlib.h"

main()
{   void save(), load();
    void *wg,*rg,*vg,*fy;
    int driver,mode;
    int c=RED;
    int x=320,y=225;
    int x1,y1,x2,y2;
    int k,k1,k2;
    /* initialize grapher */
    detectgraph(&driver,&mode);
    initgraph(&driver,&mode,"");
```

```
/* write the pen */
bar(200,10,206,16);
line(203,7,200,10);        line(203,7,206,10);
line(243,7,240,16);        line(243,7,246,16);
line(283,7,280,10);        line(283,7,286,10);
line(283,7,283,16);

/* save the pen */
wg=malloc(imagesize(200,7,206,16));
rg=malloc(imagesize(240,7,246,16));
vg=malloc(imagesize(280,7,286,16));
fy=malloc(imagesize(200,7,206,16));

getimage(200,7,206,16,wg);
getimage(240,7,246,16,rg);
getimage(280,7,286,16,vg);
cleardevice();

/* write the box */
setcolor(YELLOW);
rectangle(4,19,637,447);

x1=x-3;     y1=y+1;
x2=x+3;     y2=y+10;
getimage(x1,y1,x2,y2,fy);
putimage(x1,y1,vg,XOR_PUT);

/* receive the command */
for (;;)
{
while (bioskey(1)==0);

k=bioskey(0);
putimage(x1,y1,fy,AND_PUT);
if (((k&0x00ff)|0x00)==0)
     k1=k&0xff?0:k>>8;          /* k1 is the specialkey value */
else
     k2=k&0x00ff;               /*k2 is the non-specialkey value*/
```

```
if (((k&0x00ff)|0x00)==0)          /* Special key */
    switch(k1)
    {       case 45:
                restorecrtmode();exit(0);
        case 72:
                if (y>20)    y=y-1;        break;
        case 75:
                if (x>5)     x=x-1;        break;
        case 77:
                if (x<636)   x=x+1;        break;
        case 80:
                if (y<446)   y=y+1;        break;
        case 71:
                if ((x>5)&&(y>20))    x=x-1;
                y=y-1;        break;
        case 79:
                if ((x>5)&&(y<446))   x=x-1;
                y=y+1;        break;
        case 73:
                if ((x<636)&&(y>20)) x=x+1;
                y=y-1;        break;
        case 81:
                if ((x<636)&&(y<446))        x=x+1;
                    y=y+1;        break;
    }

    x1=x-3;     y1=y+1;    x2=x+3;    y2=y+10;
    getimage(x1,y1,x2,y2,fy);
    /* non-special key */
    switch(k2)
    {       case 118:              /* 'v' */
        case 86:                   /* 'V' */
                putimage(x1,y1,vg,OR_PUT);
                break;
        case 119:                  /* 'w' */
        case 87:                   /* 'W' */
                putimage(x1,y1,wg,OR_PUT);
                putpixel(x,y,c);
                break;
        case 114:                  /* 'r' */
```

```
        case 82:                /* 'R' */
            putimage(x1,y1,rg,OR_PUT);
            putpixel(x,y,BLACK);
            break;
        case 115:               /* 's' */
        case 83:                /* 'S' */
            save("pic.dat");
            break;
        case 101:               /* 'e' */
        case 69:                /* 'E' */
            load("pic.dat");
            break;
        case 99:                /* 'c' */
        case 67:                /* 'C' */
            setcolor(RED);
            circle(x,y,20);
            break;
        default:continue;
        }
    }
}


/* function for screen picture save*/
void save(char *fname)
{
    FILE *fp;
    int i;
    register long j;
    char far *ptr;
    fp=fopen(fname,"wb");
    for(i=0;i<4;i++)
    {
        outportb(0x3CE,4);
        outportb(0x3CF,i);
        ptr=(char far *) 0xA0000000L;
        for (j=0;j<38400L;j++)
        {putc(*ptr,fp);
            ptr++;
        }
```

```
    }
        fclose(fp);
        outportb(0x3CF,0);
}


/* function for screen picture display*/
void load(char *fname)
{
        FILE *fp;
        register int i;
        int k4=1;
        register long j;
        char far *ptr;

        fp=fopen(fname,"rb");
        for (i=0;i<4;i++)
        {       outportb(0x3C4,2);
                outportb(0x3C5,k4);
                ptr=(char far *)0xA0000000L;
                for (j=0;j<38400L;j++)
                {       *ptr=getc(fp);
                        ptr++;
                }
                k4*=2;
        }

        fclose(fp);
        outportb(0x3C5,0xF);
}
```

6.2 鼠 标

6.2.1 鼠标的工作原理

1. 鼠标简介

鼠标主要有两种：机械式和光电式。机械式鼠标主要是使用一个转动球，传感器将转动球的转动变成光标的方向信息。光电式鼠标使用两个发光二极管(LED)和两个光电晶体管来检测移动。两个 LED 一个发红光，一个发紫光。光电鼠标用一个特殊的焊盘来改变 LED 的光强，这个焊盘有两个方向线，当鼠标向一个方向移动时，吸收红光；向另一个方向移动时，吸收紫光。光间断的颜色和数目决定了鼠标器的方向和距离。

　　鼠标系统实际上由两个主要元素组成：鼠标硬件机制和称做鼠标驱动程序的内存驻留程序。鼠标硬件机制的工作原理如上所述。鼠标驱动程序提供与鼠标通信所需的全部低级支持。此外，它还自动维持鼠标光标位置并判断是否按下了某个键。一旦装入驱动程序，鼠标就可以被随后执行的任意程序使用。

　　DOS 操作系统和 Turbo C 2.0 并不支持鼠标器的操作，因而要使用鼠标器，必须首先安装相应的驱动程序。有以下两种安装方法：

　　(1) 在 CONFIG.SYS 文件中加入一行信息：DEVICE=MOUSE.SYS，使得系统在启动时将相应的驱动程序也装入内存；

　　(2) 直接运行 mouse.com 文件，使其驻留内存。

　　鼠标的各种操作都是由鼠标驱动程序来管理的。每当移动或按下鼠标的任意键，就将产生一次 INT 33H 中断，鼠标驱动程序将按照中断时的入口参数，调用不同的处理程序来完成中断服务。

2. 中断

　　鼠标是一种外设，CPU 通过中断对它进行管理。鼠标的中断号是 33H，通过软中断指令 INT 即可管理鼠标。C 语言中提供了几个函数方便我们使用中断，这些函数包含在头文件"dos.h"中。

　　中断函数主要有 int86()、int86x()、intdos()、geninterrupt()。我们主要介绍 int86()，其余请查看 dos.h。

　　函数原型：

```
int int86 (int intno, union REGS *inregs, union REGS *outregs);
```

　　参数含义：执行 intno 号中断，用户定义的寄存器值存于结构 inregs 中，执行完后将返回的寄存器值存于结构 outregs 中。一般后两个参数使用同一个寄存器。

　　union REGS 定义了 CPU 中的各个寄存器，具体如下：

```
struct WORDREGS {
        unsigned int ax, bx, cx, dx, si, di, cflag, flags;
};


struct BYTEREGS {
        unsigned char     al, ah, bl, bh, cl, ch, dl, dh;
};


union     REGS     {
        struct WORDREGS x;
        struct BYTEREGS h;
};
```

　　可以通过 PC 中断 33H 访问鼠标和鼠标驱动程序的各种功能。所选择的特定函数依赖于中断时 AX 寄存器的值。三个其他寄存器(BX、CX 和 DX)用于把各种参数传送给鼠标例程。同样，鼠标函数使用这四个寄存器把鼠标的位置和按钮的状态返回给调用函数。

鼠标驱动程序提供了三十多个功能调用，通过选取不同的入口参数，可实现不同的功能调用。表 6.2 列出了常用的功能调用及参数。完整的鼠标功能调用可参见附录 E。

表 6.2 鼠标驱动程序常用功能码及参数说明

功能码	功 能	入口参数	出 口 参 数
00H	初始化鼠标	AX = 00H	AX=FFFFH 表示支持鼠标功能，AX=0000H 表示不支持鼠标功能，BX 的值表示鼠标按键的个数
01H	显示鼠标光标	AX = 01H	无
02 H	隐藏鼠标光标	AX = 02H	无
03 H	读取鼠标按键状态和鼠标位置	AX = 03H	BX=各按键状态，第 0、1、2 位分别表示左、右、中键是否被按下(值为 1 表示按下，值为 0 表示未按下)，其他为保留，供内部使用 CX=鼠标当前的 x 坐标，DX =鼠标当前的 y 坐标
04H	设置鼠标光标位置	AX = 04H，CX = x 坐标，DX = y 坐标	无
07 H	设置鼠标水平位置	AX = 07 H，CX = x 坐标最小值，DX = x 坐标最大值	无，鼠标有可能因新区域变小而自动移进新区域内
08 H	设置鼠标垂直位置	AX = 08 H， CX = y 坐标最小值，DX = y 坐标最大值	无，鼠标有可能因新区域变小而自动移进新区域内

6.2.2 鼠标操作

(1) 鼠标的初始化：

```
InitMouse()
{   union REGS regs;
    regs.x.ax=0;    /*功能码为 0 表示鼠标复位*/
    int86(0x33,&regs,&regs);  /*调用中断管理鼠标*/
    if(regs.x.ax==0)   return 0;  /*鼠标安装失败*/
    else return 1;  /*鼠标安装成功*/
}
```

(2) 鼠标光标的显示：

```
void ShowCur()
{ union REGS regs;
  if(!visual)
  {
      regs.x.ax=1;
      int86(0x33,&regs,&regs);
      visual=true;
  }
}
```

(3) 鼠标光标的隐藏：

```
void HideCur()
{     union REGS regs;
      if(visual)
      {
            regs.x.ax=2;
            int86(0x33,&regs,&regs);
            visual=false;
      }
}
```

在鼠标驱动程序中，鼠标的显示状态用 0 值表示，隐藏用负值表示，每调用一次显示功能则该值加 1，每调用一次隐藏功能则该值减 1。这样，在多次调用了驱动程序的隐藏鼠标光标功能后，再调用显示鼠标光标功能时，将不能正常显示鼠标光标。此时需要加入一个全局 visual 布尔型变量，来取代驱动程序中的数值。

(4) 读取按钮状态和光标位置：

```
void GetStatus(int *x,int *y,int *status)
{     union REGS regs;
      regs.x.ax=3;
      int86(0x33,&regs,&regs);
      *x=regs.x.cx;
      *y=regs.x.dx;
      *status=regs.x.bx;
}
```

其中：x，y 为光标位置；

status&1 表示左键状态：1 为按下，0 为未按；

status&2 表示右键状态：1 为按下，0 为未按；

status&4 表示中键状态：1 为按下，0 为未按。

对于循环检测时的抖动现象，可增加一些空循环或延时来清除剩余的按键信号。例如：下面程序段中，当鼠标移动时画线到当前的鼠标位置，当按左键时定义画线的启始位置，按右键时结束作图。

```
int working=true;
int x,y,status;
while(working){
    GetStatus(&x,&y,&status);
    if(status&1)                    /*左键按下*/
        moveto(x,y);                /* 移动光标到当前鼠标位置*/
    else if(status&2)               /*右键按下，退出*/
        working=false;
    else                            /*没有键按下*/
        Lineto(x,y);                /*从最后一次按下的位置到该位置画线*/
    Delay(20);                      /*延迟 20ms 防止抖动现象*/
}
```

(5) 移动鼠标光标(设置光标位置)：

```
void MoveMouse(int x,int y)
{   REGS regs;
    regs.x.ax=4;
    regs.x.cx=x;
    regs.x.dx=y;
    int86(0x33,&regs,&regs);
}
```

(6) 设置鼠标光标的移动范围：

```
SetMouseArea(int x0,int y0,int x1,int y1)
{   union REGS regs;
    regs.x.ax=7;      regs.x.cx=x0;     regs.x.dx=x1;
    int86(0x33,&regs;&regs);
    regs.x.ax=8;      regs.x.cx=y0;     regs.x.dx=y1;
    int86(0x33,&regs,&regs);
}
```

(7) 设置鼠标的光标形状：

设置鼠标光标需要三方面信息：

鼠标的外边界：8×8 点阵，16 个整数；

鼠标的内边界：8×8 点阵，16 个整数；

鼠标热点的相对坐标：int x，y。

其中外边界和内边界连续存放在有 32 个元素的整型数组中。

```
void SetCurs(unsigned masks[32],int x,int y)
{   union REGS regs;
    struct SREGS sregs;
    regs.x.ax=9;
```

```
        regs.x.bx=x;
        regs.x.cx=y;/* hot spot*/
        regs.x.dx=(unsigned)masks;
        segread(&sregs);
        int86(0x33,&regs,&regs);
    }
```

一些不同形状的光标数据如下：

```
    unsigned mouse[]={
      0xffff, 0xffff, 0xffff, 0xffff, 0xffff, 0xffff, 0xffff, 0xffff,
      0xffff, 0xffff, 0xffff, 0xffff, 0xffff, 0xffff, 0xffff, 0xffff,
      0x0000, 0x0000, 0x0000, 0x0000, 0x0000, 0x0000, 0x1000, 0x13c0,
      0x3ff0, 0x7ff8, 0xfff8, 0xfff8, 0x0824, 0x0822, 0x1ce2, 0x0000};

    unsigned   emptyhand[]= {
      0xffff, 0xffff, 0xffff, 0xffff, 0xffff, 0xffff, 0xffff, 0xffff,
      0xffff, 0xffff, 0xffff, 0xffff, 0xffff, 0xffff, 0xffff, 0xffff,
      0x0c00, 0x1200, 0x1200, 0x1200, 0x13fe, 0x1249, 0x1249, 0x1249,
      0x7249, 0x9001, 0x9001, 0x9001, 0x8001, 0x8001, 0x4002, 0x3ffc};

    unsigned   fullarrow[]={
      0x3fff, 0x1fff, 0x0fff, 0x07ff, 0x03ff, 0x01ff, 0x00ff, 0x007f,
      0x003f, 0x00ff, 0x01ff, 0x10ff, 0x30ff, 0xf87f, 0xf87f, 0xfc3f,
      0x0000, 0x4000, 0x6000, 0x7000, 0x7800, 0x7c00, 0x7e00, 0x7f00,
      0x7f80, 0x7e00, 0x7c00, 0x4600, 0x0600, 0x0300, 0x0300, 0x0180};

    unsigned fullhand[]={
       0xf3ff, 0xe1ff, 0xe1ff, 0xe1ff, 0xe001, 0xe000, 0xe000, 0xe000,
       0x8000, 0x0000, 0x0000, 0x0000, 0x0000, 0x0000, 0x8001, 0xc003,
       0x0c00, 0x1200, 0x1200, 0x1200, 0x13fe, 0x1249, 0x1249, 0x1249,
       0x7249, 0x9001, 0x9001, 0x9001, 0x8001, 0x8001, 0x4002, 0x3ffc};
```

注意：

(1) 在 DOS、Windows 98 下需确保已经装载了 mouse.sys，或已运行了 mouse.com。

(2) 用 TC 2.0 在 Windows 2000、Windows XP 下不会显示鼠标，但鼠标确实存在，用户可以得到它的位置和事件。要想显示鼠标，只有自己绘图了。

6.2.3　鼠标操作综合实例

【程序 6.3】　鼠标操作。

```
    #include <graphics.h>
    #include <stdlib.h>
    #include <dos.h>
    #include <conio.h>
```

```c
/*鼠标信息宏定义*/
#define WAITING 0xff00
#define LEFTPRESS 0xff01
#define LEFTCLICK 0xff10
#define LEFTDRAG 0xff19
#define RIGHTPRESS 0xff02
#define RIGHTCLICK 0xff20
#define RIGHTDRAG 0xff2a
#define MIDDLEPRESS 0xff04
#define MIDDLECLICK 0xff40
#define MIDDLEDRAG 0xff4c
#define MOUSEMOVE 0xff08


int Keystate; int MouseExist; int MouseButton;
int MouseX;    int MouseY;

int up[16][16],down[16][16],mouse_draw[16][16],pixel_save[16][16];

void MouseMath( )                         /*计算鼠标的样子*/
{     int i,j,jj,k;
    long UpNum[16]={
        0x3fff,0x1fff,0x0fff,0x07ff, 0x03ff,0x01ff,0x00ff,0x007f,
        0x003f,0x00ff,0x01ff,0x10ff, 0x30ff,0xf87f,0xf87f,0xfc3f
    };
    long    DownNum[16]={
        0x0000,0x7c00,0x6000,0x7000, 0x7800,0x7c00,0x7e00,0x7f00,
        0x7f80,0x7e00,0x7c00,0x4600, 0x0600,0x0300,0x0300,0x0180
    };
    for(i=0;i<16;i++)
    {j=jj=15;
        while(UpNum[i]!=0)
        {      up[i][j]=UpNum[i]%2; j--; UpNum[i]/=2;}
            while(DownNum[i]!=0)
            {     down[i][jj--]=DownNum[i]%2;    DownNum[i]/=2;        }
            for(k=j;k>=0;k--)    up[i][k]=0;
            for(k=jj;k>=0;k--)   down[i][k]=0;
            for(k=0;k<16;k++)/*四种组合方式*/
            {  if(up[i][k]==0&&down[i][k]==0)
                    mouse_draw[i][k]=1;
```

```
                    else if(up[i][k]==0&&down[i][k]==1)
                            mouse_draw[i][k]=2;
                    else if(up[i][k]==1&&down[i][k]==0)
                            mouse_draw[i][k]=3;
                    else    mouse_draw[i][k]=4;
                }
        }
    mouse_draw[1][2]=4;/*特殊点*/
}


/*鼠标光标显示*/
void MouseOn(int x,int y)
{    int i,j;
        int color;

        for(i=0;i<16;i++)     /*画鼠标*/
        {    for(j=0;j<16;j++)
            {pixel_save[i][j]=getpixel(x+j,y+i); /*保存原来的颜色*/
             if(mouse_draw[i][j]==1)    putpixel(x+j,y+i,0);
             else if(mouse_draw[i][j]==2)      putpixel(x+j,y+i,15);
            }

        }

}


/*隐藏鼠标*/
void MouseOff()
{    int i,j,x,y,color;
        x=MouseX;       y=MouseY;
        for(i=0;i<16;i++) /*原位置异或消去*/
         for(j=0;j<16;j++)
         {if(mouse_draw[i][j]==3||mouse_draw[i][j]==4)    continue;
            color=getpixel(x+j,y+i);
            putpixel(x+j,y+i,color^color);
            putpixel(x+j,y+i,pixel_save[i][j]);
        }
}
/*鼠标是否加载。MouseExist:1=加载；0=未加载
   MouseButton:鼠标按键数目 */
void MouseLoad()
```

```
{    _AX=0x00;    geninterrupt(0x33);
     MouseExist=_AX;    MouseButton=_BX;
}
```

```
/*鼠标状态值初始化*/
void MouseReset()
{    _AX=0x00;    geninterrupt(0x33);}
```

```
/*设置鼠标左、右边界。lx：左边界；gx：右边界*/
void MouseSetX(int lx,int rx)
{    _CX=lx;    _DX=rx;    _AX=0x07;    geninterrupt(0x33);}
```

```
/*设置鼠标上、下边界。uy：上边界；   dy：下边界*/
void MouseSetY(int uy,int dy)
{    _CX=uy;    _DX=dy;    _AX=0x08;    geninterrupt(0x33); }
```

```
/*设置鼠标当前位置。   X：横向坐标；   y：纵向坐标*/
void MouseSetXY(int x,int y)
{    _CX=x;    _DX=y;    _AX=0x04;    geninterrupt(0x33);}
```

```
/*设置鼠标速度(缺省值:vx=8,vy=1)
   值越大速度越慢*/
void MouseSpeed(int vx,int vy)
{    _CX=vx;    _DX=vy;    _AX=0x0f;    geninterrupt(0x33);}
```

```
/*获取鼠标按下键的信息*/
/*是否按下左键。返回值: 1=按下  0=释放*/
int LeftPress()
{    _AX=0x03;    geninterrupt(0x33);    return(_BX&1);}
```

```
/*是否按下中键。   返回值同上*/
int MiddlePress()
{    _AX=0x03;    geninterrupt(0x33);    return(_BX&4);}
```

```
/*是否按下右键。   返回值同上*/
int RightPress()
{    _AX=0x03;    geninterrupt(0x33);    return(_BX&2);}
```

```
/*获取鼠标当前位置*/
```

```
void MouseGetXY()
{    _AX=0x03;    geninterrupt(0x33);
   MouseX=_CX;    MouseY=_DX;
}


int MouseStatus()                      /*鼠标按键情况*/
{    int x,y,status,press=0,i,j,color;
        status=0;                      /*默认鼠标没有移动*/


        x=MouseX;        y=MouseY;
        while(x==MouseX&&y==MouseY&&status==0&&press==0)
        {    if(LeftPress()&&RightPress())    press=1;
            else if(LeftPress())    press=2;
            else if(RightPress())    press=3;
            MouseGetXY();
            if(MouseX!=x||MouseY!=y)    status=1;
        }
        if(status)                     /*移动情况下重新显示鼠标*/
        {    for(i=0;i<16;i++)          /*原位置异或消去*/
                for(j=0;j<16;j++)
                  {    if(mouse_draw[i][j]==3||mouse_draw[i][j]==4)
                            continue;
                       color=getpixel(x+j,y+i);
                       putpixel(x+j,y+i,color^color);
                       putpixel(x+j,y+i,pixel_save[i][j]);
                  }
            MouseOn(MouseX,MouseY);    /*新位置显示*/
        }
        if(press!=0)    return press;       /*有按键的情况*/
        return 0;                           /*只移动的情况*/


}


void main()
{    int gd=DETECT,gm;
        initgraph(&gd,&gm,"c:\\tc");
        MouseMath();                        /*计算鼠标形状,开始必须使用,后面就不用了*/
        MouseSetY(0,479);    MousSetX(0,639);    MouseSetXY(100,100);


        outtextxy(400,400,"Author: milo_zy");
```

```
            outtextxy(370,420,"welcome to www.8623.com");
            settextstyle(0,0,4);
            outtextxy(100,200,"XP Mouse Demo");

            MouseOn(MouseX,MouseY);/    *第一次显示鼠标*/
            while(!kbhit())
            {    switch(MouseStatus())
                {    case 1:MouseOff();    /*双键按下画黄点*/
                        putpixel(MouseX,MouseY,YELLOW);
                        MouseGetXY();
                        MouseOn(MouseX,MouseY);break;
                    case 2:              /*左键按下画红点*/
                        MouseOff();
                        putpixel(MouseX,MouseY,RED);
                        MouseGetXY();
                        MouseOn(MouseX,MouseY);break;
                    case 3:                 /*右键按下画绿点*/
                        MouseOff();
                        putpixel(MouseX,MouseY,GREEN);
                        MouseGetXY();
                        MouseOn(MouseX,MouseY);break;
                    default:break;
                }
            }
            getch();
            closegraph();
        }
```

实 验 6

1. 编写一个打字游戏，随机产生一些字母从屏幕上边下落，用户输入准确的字母时，由屏幕下方发出一个箭头，击毁该字母。

2. 绘制一个类似 TC 界面的菜单，能用键盘进行简单响应。

3. 编写用鼠标绘制自由图形的程序。

4. 结合图形用户界面，用 C 语言编写一个图形方式下的学生管理系统。

第 7 章 算 法

7.1 算 法 概 述

7.1.1 算法定义

对于计算机科学来说，算法(algorithm)的概念是至关重要的。例如在一个大型软件系统的开发中，设计出更有效的算法将对开发起决定性的作用。通俗地讲，算法是指解决问题的一种方法或一个过程。更严格地讲，算法是由若干条指令组成的有穷序列，其中每个指令表示一个或多个操作，且算法满足下述几条性质：

(1) 输入：有零个或多个由外部提供的量作为算法的输入。

(2) 输出：算法产生至少一个量作为输出。

(3) 确定性：组成算法的每条指令是清晰的、无歧义的。

(4) 可行性：要求算法中有待实现的运算都是基本的，每种运算至少在原理上能由人用纸和笔在有限的时间内完成。

(5) 有限性：算法中每条指令的执行次数是有限的，执行每条指令的时间也是有限的。

程序(program)与算法不同，程序是算法用某种程序设计语言的具体实现，程序可以不满足算法的性质(5)。例如操作系统，它是一个在无限循环中执行的程序，因而不是一个算法。但是我们可把操作系统的各种任务看成是一些单独的问题，每一个问题由操作系统中的一个子程序通过特定的算法来实现，该子程序得到输出结果后便终止。

7.1.2 算法设计要求

当我们用算法来解决某问题时，算法设计要达到的目标是正确、可读、健壮、高效率和低存储量。

1. 正确性

算法的正确性是指算法应该满足具体问题的需求。其中"正确"的含义大体上可以分为四个层次：

(1) 所设计的程序没有语法错误。

(2) 对于几组输入数据能够得出满足要求的结果。

(3) 对于精心选择的典型、苛刻而带有刁难性的几组输入数据能够得到满足要求的结果。

(4) 对于一切合法的输入数据都能产生满足要求的结果。

对于这四层含义，要达到第(4)层正确是极为困难的。一般情况下，以第(3)层含义正确作为衡量一个程序是否正确的标准。

例如：要求 n 个数的最大值问题，给出示意算法如下：

```
max=0;
for(i=1 ; i<= n ; i++)
{ scanf("%f", &x);
  if (x>max)    max=x;
}
```

求最大值的算法无语法错误；虽当输入 n 个数全为正数时，结果也对，但对输入 n 个数全为负数时，求得的最大值为 0，显然这个结果不对。由这个简单的例子可以说明算法正确性的内涵。

思考：上面求最大值算法到底应当算第几层次？是否能算是正确算法？

2. 可读性

一个好的算法首先应该便于人们理解和相互交流，其次才是机器可执行。可读性好的算法有助于人对算法的理解，而难懂的算法易于隐藏错误且难于调试和修改。

3. 健壮性(鲁棒性)

健壮性即对非法输入的抵抗能力。它强调的是，如果输入非法数据，算法应能加以识别并作出处理，而不是产生误动作或陷入瘫痪。

4. 高效率和低存储量

算法的效率通常是指算法的执行时间。对于一个具体问题的解决通常可以有多个算法，其中执行时间短的算法其效率就高。所谓的存储量需求，是指算法在执行过程中所需要的最大存储空间，这两者都与问题的规模有关。

7.1.3　算法的描述工具

描述算法可以有多种方式，如自然语言方式、传统流程图、N-S 流程图，伪代码、计算机语言等。

1. 自然语言方式

自然语言就是人们日常生活中交流所用的语言，如汉语、英语或其他语言。用自然语言表示的算法虽然通俗易懂，但文字冗长，容易出现"歧义"性，并且难以描述包含分支和循环的算法，因此，一般不使用自然语言描述算法。

比如，描述计算并输出 z=y/x 的流程，可以用自然语言描述如下：

(1) 输入 x、y。

(2) 判断 x 是否为 0：

　　　　　若 x=0，则输出错误信息；

　　　　　否则计算 y/x ——→ z，且输出 z。

2. 传统流程图

在程序设计过程中，一般不可能在一开始就用某种程序设计语言编制计算机程序，而是先用某种简单、直观、灵活的描述工具来描述处理问题的流程。当方案确定以后，再将这样的流程转换成计算机程序，这种转换往往是机械的，已经不涉及功能的重新设计或控制流程的变化，而只需考虑程序设计语言所规定的语法要求以及一些细节问题即可。

流程图就是用一些约定的几何图形来描述算法的。美国标准化协会(ANSI)规定了一些常用的流程图符号，已为世界各国程序工作者普遍采用。一些常用的流程图符号参见表 7.1。其中，

起止框：表示算法的开始和结束。一般内部只写"开始"或"结束"。

处理框：表示算法的某个处理步骤，一般内部常常填写赋值操作。

输入/输出框：表示算法请求输入需要的数据或算法将某些结果输出。一般内部常常填写"输入…"，"打印/显示…"等内容。

判断框：主要是对一个给定条件进行判断，决定如何执行其后的操作。它有一个入口，两个出口。

连接点：用于将画在不同地方的流程线连接起来。同一个编号的点是相互连接在一起的，实际上同一编号的点是同一个点，只因画不下才分开画的。使用连接点，还可以避免流程线的交叉或过长，使流程图更加清晰。

注释框：注释框不是流程图中必需的部分，不反映流程和操作，它只是对流程图中某些框的操作作必要的补充说明，以帮助阅读流程图的人更好地理解算法。

表 7.1　常用流程图符号及含义

流程图符号	含　义	流程图符号	含　义
⬭	起止框	◯	连接点
▱	输入/输出	↓→	流程线
◇	判断	▭	处理

例如，求 n 个数之和的算法用流程图描述如图 7.1 所示。

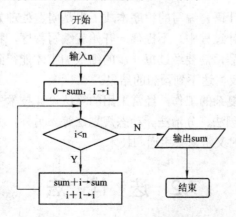

图 7.1　n 个数之和的传统流程图

3. N-S 流程图

N-S 流程图适于结构化程序设计，是美国学者 I.Nasii 和 B.Shneiderman 于 1973 年提出的一种新的流程图形式。它将全部算法写在一个矩形框内，完全去掉了带箭头的流程线。这种流程图称为 N-S 结构化流程图(盒图)。图 7.2 是用于结构化程序设计的三种基本语句的 N-S 流程图。图 7.3 是 n 个数之和的 N-S 流程图。

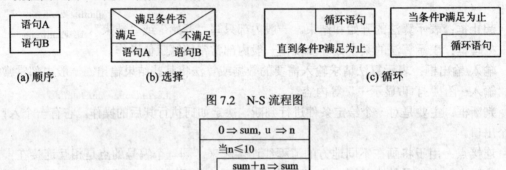

图 7.2　N-S 流程图

图 7.3　n 个数之和的 N-S 流程图

4. 伪代码

用传统流程图、N-S 图表示算法，直观易懂，但绘制比较麻烦。在设计一个算法时，可能要反复修改，而修改流程图是比较麻烦的，因此，流程图适合表示算法，但在设计算法过程中使用它并不理想。为了设计算法方便，常使用伪代码工具。

伪代码是用介于自然语言和计算机语言之间的文字和符号来描述算法的。它结构性较强，比较容易书写和理解，修改起来也相对方便。其特点是不拘泥于语言的语法结构，而着重以灵活的形式表现被描述对象。它利用自然语言的功能和若干基本控制结构来描述算法。

伪代码没有统一的标准，可以自己定义，也可以采用与程序设计语言类似的形式。

5. 计算机语言

直接使用某种程序设计语言编写的程序本质上也是问题处理方案的描述，并且是最终的描述。在一般的程序设计过程中，不提倡一开始就编写程序，特别是对于大型的程序。程序是程序设计的最终产品，需要经过每一步的细致加工才能得到。如果试图一开始就编写出程序，往往会适得其反，达不到预想的结果。

算法设计是一件非常复杂的工作，经常采用的算法设计技术主要有迭代法、穷举搜索法、递推法、贪婪法、回溯法、分治法、动态规划法等。另外，为了以更简洁的形式设计和实现算法，在算法设计时又常常采用递归技术。

7.2 迭 代 法

迭代法也称辗转法，是一种不断用变量的旧值递推新值的过程。与迭代法相对应的是直接法(或者称为一次解法),即一次性解决问题。迭代法又分为精确迭代和近似迭代。"二分法"和"牛顿迭代法"属于近似迭代法。

迭代法是用计算机解决问题的一种基本方法。它利用计算机运算速度快、适合做重复性操作的特点,让计算机对一组指令(或一定步骤)进行重复执行,在每次执行这组指令(或这些步骤)时,都从变量的原值推出它的一个新值。

利用迭代法解决问题,需要做好以下三个方面的工作:

(1) 确定迭代变量。在可以用迭代法解决的问题中,至少存在一个直接或间接地不断由旧值递推出新值的变量,这个变量就是迭代变量。

(2) 建立迭代关系式。所谓迭代关系式,指如何从变量的前一个值推出其下一个值的公式(或关系)。迭代关系式的建立是解决迭代问题的关键,通常可以使用递推或倒推的方法来完成。

(3) 对迭代过程进行控制。在什么时候结束迭代过程? 这是编写迭代程序必须考虑的问题。不能让迭代过程无休止地重复执行下去。迭代过程的控制通常可分为两种情况: 一种是所需的迭代次数是个确定的值,可以计算出来;另一种是所需的迭代次数无法确定。对于前一种情况,可以构建一个固定次数的循环来实现对迭代过程的控制;对于后一种情况,需要进一步分析出用来结束迭代过程的条件。

【程序 7.1】 一个饲养场引进一只刚出生的新品种兔子,这种兔子从出生的下一个月开始,每月新生一只兔子,新生的兔子也如此繁殖。如果所有的兔子都不死去,到第 12 个月时,该饲养场共有兔子多少只?

分析:这是一个典型的递推问题。我们不妨假设第 1 个月时兔子的只数为 n_1,第 2 个月时兔子的只数为 n_2,第 3 个月时兔子的只数为 n_3……根据题意,"这种兔子从出生的下一个月开始,每月新生一只兔子",则有:

$$n_i = n_{i-1} \times 2$$

首先,确定迭代变量:设 x 代表第 i-1 月的兔子,y 代表第 i 个月的兔子。其次,确定迭代关系:y=2×x,x=y。最后,确定迭代次数。本题的迭代次数是个确定的值,由于第一个月的兔子数是已知值,因此,迭代次数为 11,即经过 11 次迭代后,求 y 表示的第 12 个月的兔子数。

参考程序如下:

```
main()
{    int x=1,y=0,i=1;

     while(i<12)
     { y=2*x;
      x=y;
      i++;
     }
     printf("The number of rabbit in Dec is:%d\n",y);

}
```

【程序 7.2】 验证谷角猜想。日本数学家谷角静夫在研究自然数时发现了一个奇怪现象：对于任意一个自然数 n，若 n 为偶数，则将其除以 2；若 n 为奇数，则将其乘以 3，然后再加 1 。如此经过有限次运算后，总可以得到自然数 1。人们把谷角静夫的这一发现叫做"谷角猜想"。

　　要求：编写一个程序，由键盘输入一个自然数 n，把 n 经过有限次运算后，最终变成自然数 1 的全过程打印出来。

　　分析：定义迭代变量为 n。按照谷角猜想的内容，可以得到两种情况下的迭代关系式：当 n 为偶数时，$n = n/2$；当 n 为奇数时，$n = n \times 3 + 1$。迭代次数无法准确计算，仔细分析题目要求，不难看出，对任意给定的一个自然数 n，只要经过有限次运算后，能够得到自然数 1，就已经完成了验证工作。因此，用来结束迭代过程的条件可以定义为：$n = 1$。

```
main()
{    int n;
     printf("Please Enter a int(>0):");
     scanf("%d",&n);

     printf("The procedure is:\n");
     printf("%d",n);

     while(n>1)
     {    if(n%2==0)    /*偶数*/
               n=n/2;
          else
               n=n*3+1;
          printf("->%d",n);
     }
}
```

　　迭代法还经常用于求方程或方程组的近似根。设方程为 $f(x) = 0$，先设 $f(x) = g(x) - x$，则方程 $f(x) = 0$ 可化为 $x = g(x)$，然后按以下步骤执行：

　　(1) 选一个方程的近似根，赋给变量 x0；

　　(2) 将 x0 的值保存于变量 x1，然后计算 g(x1)，并将结果存于变量 x0；

　　(3) 当 x0 与 x1 差的绝对值还小于指定的精度要求时，重复步骤(2)的计算。

　　若方程有根，并且用上述方法计算出来的近似根序列收敛，则按上述方法求得的 x0 就认为是方程的根。

　　需要注意的是，以上 g(x) 的构造比较严格，需要满足条件|g(x)|<1。

　　迭代法求方程根的 C 语言算法描述如下：

```
{    x0=初始近似根;
     do {
          x1=x0;
          x0=g(x1);    /*按特定的方程计算新的近似根*/
     } while ( fabs(x0-x1)>Epsilon);
```

```
        printf("方程的近似根是%f\n"，x0);
    }
```

迭代法也常用于求方程组的根，令

```
    X=(x0，x1，…，xn-1)
```

设方程组为：

```
    xi=gi(X) (i=0，1，…，n-1)
```

迭代法求方程组的根的 C 语言算法描述如下：

```
{       for (i=0;i<n;i++)
    x[i]=初始近似根;
    do {
            for (i=0;i<n;i++)
                y[i]=x[i];
            for (i=0;i<n;i++)
                x[i]=gi(X);
            for (delta=0.0,i=0;i<n;i++)
                if (fabs(y[i]-x[i])>delta)
                        delta=fabs(y[i]-x[i]);
    } while (delta>Epsilon);
    for (i=0;i<n;i++)
                printf("变量 x[%d]的近似根是 %f"，i，x[i]);
    printf("\n");
}
```

【程序 7.3】 用迭代法求方程 $f(x) = 3x^3 - 4x^2 - 5x + 13 = 0$ 的满足精度为 10^{-6} 的一个近似实根。

分析：本题给出牛顿迭代法求方程根的思路。牛顿迭代法中，利用 $f(x)$ 的导数，采用公式 $x = x0 - f(x0)/f'(x0)$ 计算出下一个 x，重复不断地用刚计算出的 x 取代上一个 x 值，接着再用迭代公式计算新的 x，直至两次计算出的 x 的差额不超过 10^{-6} 为止。

```
#include <math.h>
main()
{ float x,x0,d,f,fd;
    scanf("%f",&x0);
    do {
        f=3*x0*x0*x0-4*x0*x0-5*x0+13;
        fd=9*x0*x0-8*x0-5;
        d=f/fd;
        x=x0-d;
        x0=x;
    }while(fabs(d)>1e-5);
    printf("x=%f\n",x);
```

```
      }
```

具体使用迭代法求根时应注意以下两种可能发生的情况：

(1) 如果方程无解，算法求出的近似根序列就不会收敛，迭代过程会变成死循环，因此在使用迭代法前应先考察方程是否有解，并在程序中对迭代的次数给予限制。

(2) 方程虽然有解，但迭代公式选择不当或迭代的初始近似根选择不合理，也会导致迭代失败。

7.3　穷举搜索法

穷举搜索法也叫枚举法或蛮干法，它对所有可能的解按某种顺序进行逐一枚举和检验，并从中找出那些符合要求的候选解作为问题的解。穷举所有可能情况，最直接的是使用循环的算法。穷举搜索法看起来是一种笨办法，但它恰好利用了计算机高速运算的能力，可以避免复杂的逻辑推理过程，使问题简单化。而对于穷举搜索法而言，我们又必须预先对搜索的范围做出选择和筛选，尽量缩小搜索范围，减少循环次数，提高算法效率。

【程序 7.4】 找出自然数 1, 2, …, n 中 r 个数的组合。例 n = 5, r = 3，所有组合为：

```
5    4    3
5    4    2
5    4    1
5    3    2
5    3    1
5    2    1
4    3    2
4    3    1
4    2    1
3    2    1
```

分析：可以看出，r 个数不能两两相同。例如，5、4、3 与 3、4、5。为此，约定前一个数应大于后一个数，实现时可用三重循环进行搜索。

```
/**********************************************************
程序设计方法：穷举法
问题描述：N–R 问题。N 个数中选 R 个数的所有组合。本算法解决 5 个中选 3 个。
**********************************************************/
#include <stdio.h>
main()
{    int i, j, k;
     for(i=5; i>=1; i--)
          for(j=5; j>=1; j--)
               for(k=5; k>=1; k--)
                    if((i != j)&&(i != k)&&(j !=k)&&(i > j)&&(j > k))
```

```
                                printf("%3d%3d%3d\n", i, j, k);
    }
```

为了减少循环次数，改进程序如下：

```
#include <stdio.h>
void main()
{    int i, j, k;
     for(i=5; i>=1; i--)
          for(j=i-1; j>=1; j--)
               for(k=j-1; k>=1; k--)
                    if((i != j)&&(i != k)&&(j !=k))
                         printf("%3d%3d%3d\n", i, j, k);
    }
```

【程序 7.5】 有这样的一个四位数，它的前 2 位数字相同，后两位数字也相同，并且还是一个完全平方数，请确定这个四位数。

分析：此题求解显然用枚举法，但是如果搜索范围定为 1000～9999，比较费时。通过分析思考，可以做以下化简，只组合 4 位完全平方数。

```
/************************************************************

程序设计方法：穷举法
问题描述：求前 2 位数字相同，后 2 位数字也相同，且为完全平方数的 4 位数。
************************************************************/

main()
{    int n,m,a,b,c,d,i;

for(i=32;i<=99;i++)
{    n=i*i;       m=n;
  a=(int)m/1000;       /*千位*/
  m=m-a*1000;
  b=(int)m/100;        /*百位*/
  m=m-b*100;
  c=(int)m/10;         /*十位*/
  d=m%10;              /*个位*/
  if( (a==b) && (c==d) )    printf("%d",n);
    }
```

可以看出，该解法循环次数少，又避免了开方运算，效率较高。

7.4　递　推　法

递推法是利用问题本身所具有的一种递推关系求问题解的一种方法。设所求问题的规模为 N，当取初值(例如 N = 1)时，解或为已知，或能方便地得到。能采用递推法构造算法的问题有重要的递推性质，即当得到问题规模为 i − 1 的解后，由问题的递推性质，能从已求得的规模为 1，2，…，i − 1 的一系列解，构造出问题规模为 i 的解。这样，程序可从 i = 0 或 i = 1 出发，由已知推至 i − 1 规模的解，再通过递推，获得规模为 i 的解，直至得到规模为 N 的解。

递推常有顺推和倒推两种。从 1 开始，最终获得问题规模为 i 时的解，这个过程为顺推过程；如果知道初始条件为 i 时的解，最终要获得规模为 1 时的解，则为倒推过程。

【程序 7.6】 斐波那契数的计算。逆推公式为：$f(1) = f(2) = 1$，$f(n) = f(n-1) + f(n-2)$。

```
/*************************************************************

程序设计方法：递推法
问题描述：输入 n，求第 n 个斐波那契数。
*************************************************************/
#include <stdio.h>
long int Fiboacci(int n);
main()
{    int   n;
     long int result;
     printf("please input the value of n:\n");
     scanf("%d", &n);
     result = Fiboacci(n);
     printf("result = %ld\n", result);
}

/*************************************************************

函数说明
        功能说明：斐波那契数计算
        参数说明：n，斐波那契数序号
        返回值：  > =1, 返回结果；=-1，无效计算。
*************************************************************/
long int Fiboacci(int n)
{    int   i;
     long int Fib1, Fib2, Fib;
     Fib1 = 1; Fib2 = 1;
     if(n <= 0)    return -1;
     if(n == 1)   return Fib1;
     if(n == 2)   return Fib2;
     for(i=3; i<=n; i++){
             Fib = Fib2 + Fib1;
             Fib1 = Fib2;
             Fib2 = Fib;
```

```
        }
        return Fib;
    }
```

【程序 7.7】 编写程序，求出 2!，3!，…，n!。设 n≥2 并且 n≤12。

分析：为求 i!，可利用已求得的(i−1)!乘以 i 即可。特别地，1!=1 是立即可得到的，所以程序可采用递推法，由 1! 求出 2!，由 2! 求出 3!，由(i−1)!求出 i!，直至求出 n!。为了使程序便于理解，该程序简化了问题，设 n≤12。

```
/************************************************************
程序设计方法：递推法
问题描述：求 0!，1!，2!，3!，…，n!
说明：因 n 值较小，在长整型所能表达的范围之内，所以可用长整型记录结果 n!
************************************************************/
/*   n ≤ 12 */
#include <stdio.h>
long int    Fn(int n);
main()
{
    int   n;
    long int result;
    printf("please input the value of n(n <= 12):\n");
    scanf("%d", &n);
    result = Fn(n);
    printf("solution = %d\n", result);
}
/************************************************************
函数说明
    参数说明：n, 阶乘的数
    功能说明：得到并返回 n!
************************************************************/
long int    Fn(int n)
{   int i;
    long int result = 1;
    if(n == 1)   return result;
    for(i=2; i<=n; i++)
    result *= i;
    return result;
}
```

【程序 7.8】 猴子吃桃问题。猴子第一天摘下若干个桃子，当即吃了一半，还不过瘾，又多吃了一个。第二天早上又将剩下的桃子吃掉一半，又多吃了一个。以后每天早上都吃了前一天剩下的一半零一个。到第 10 天早上想再吃时，见只剩下一个桃子了。猴子第一天共摘了多少桃子？

```
/**********************************************************
程序设计方法：递推法(倒推法)
**********************************************************/
main()
{    int day=9,x1,x2=1;   /*x2 表示第 10 天的桃子只剩下 1 个*/
     while(day>0)
     {    /*第一天的桃子数是第 2 天桃子数加 1 后的 2 倍*/
        x1=(x2+1)*2;   /*求出 x1 为第 day 天的桃子数*/
        x2=x1;    day--;
     }
     printf("the total is %d\n",x1);
}
```

7.5 递 归 法

递归法是设计和描述算法的一种有力的工具，由于它在复杂算法的描述中被经常采用，为此在进一步介绍其他算法设计方法之前先讨论它。

递归的定义：若一个对象部分地包含它自己，或用它自己给自己定义，则称这个对象是递归的；若一个过程直接地或间接地调用自己，则称这个过程是递归的过程。

能采用递归描述的算法通常有这样的特征：为求解规模为 N 的问题，设计将它分解成一些规模较小的问题，然后从这些小问题的解方便地构造出大问题的解，并且这些规模较小的问题也能采用同样的分解和综合方法，分解成规模更小的问题，并从这些更小问题的解构造出规模稍大问题的解。特别地，当规模 N=1 时，能直接得到解。这样的求解算法就可用递归来描述。前面所提及的递推法，以及后面要叙述的回溯法和分治法等都可以用递归法来求解。

编写递归函数的一般模型时将程序分成二部分：第一部分是问题分解，也称递推，就是为得到问题的解，将原问题递推到比原问题简单的问题的求解。例如，求 n! = f(n)，为计算 f(n)，将它推到 f(n−1)，即 f(n) = n · f(n−1)，这就是说，为计算 f(n)，将问题推到计算 f(n−1)，而计算 f(n−1)比计算 f(n)简单，因为 f(n−1)比 f(n)更接近于已知解 0! = 1。

使用递推时应注意：

(1) 递推应有终止点。例如，求 n!，当 n = 0 时，0! = 1 为递推的终止条件。所谓"终止条件"，就是在此条件下问题的解是明确的。缺少终止条件便会使算法失败。

(2) "简单问题"表示离递推终止条件更为接近的问题。简单问题与原问题的算法是一致的，其差别主要反映在参数上。例如，f(n−1)与 f(n)其参数差 1。参数的变化使问题可以递推到有明确解的问题上。

编写递归函数程序的第二部分是问题的回归，即从已分解的小问题的解构造出大问题的解，回归到原问题上来。例如，当计算完(n-1)!后，回归计算 n×(n-1)!，即得到 n!的值。

进行回归时应注意：

(1) 回归到原问题的解时，算法中所涉及的处理对象应是关于当前问题的。亦即递归算法所涉及的参数与局部处理对象是有层次的。当递推进入一"简单问题"时，使用的是它自己的一套参数和局部处理对象，原问题的参数与局部对象便隐蔽起来。但当回归时，原问题的一套参数与局部处理对象又活跃起来了。

(2) 有时回归到原问题时已得到问题的解，即回归并不引起其他动作。

由于递归引起一系列的函数调用，并且可能会有一系列的重复计算，因此其执行效率相对较低，消耗的计算时间和存储空间都比非递归算法要多。所以，当某个递归算法能方便地转换成递推算法时，通常按递推算法编写程序更省时间和空间。

在以下三种情况下，常常用到递归方法。

(1) 问题的定义是递归的。

(2) 数据结构是递归的。

(3) 问题的解法是递归的。

1. 问题的定义是递归的

例如，Ackman 函数为：

$$Ackman(m,n) \begin{cases} n+1, & 当\ m=0\ 时 \\ Ackman(m-1,1), & 当\ n=0\ 时 \\ Ackman(m-1, Ackman(m, n-1)), & 当\ m>0\ 且\ n>0\ 时 \end{cases}$$

求解 Ackman 函数的递归算法为：

```
long Ackman(long m, long n)
{       if (m==0) return n+1;
        else if (n==0) return Ackman(m-1,1) ;
        else    return Ackman(m-1,Ackman(m, n-1)) ;
}
```

2. 数据结构是递归的

例如，单链表结构如图 7.4 所示。

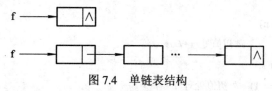

图 7.4   单链表结构

在链表中寻找等于给定值的结点并打印其数值的递归算法为：

```
void Print ( ListNode *f ,Type x)
{       if (f)
                if( f→data == x ) printf(f→data);
                else Print(f→link );
}
```

3. 问题的解法是递归的

例如，汉诺塔(Tower of Hanoi)问题：传说婆罗门庙里有一个塔台，台上有三根标号分别为 A、B、C 的用钻石做成的柱子。在 A 柱上放着 64 个金盘，每一个都比下面的略小一些。把 A 柱上的金盘全部移到 C 柱上的那一天就是世界末日。移动的条件是：一次只能移动一个金盘，移动过程中大金盘不能放在小金盘上面。庙里的僧人一直不停地移动。因为全部的移动需 $2^{64}-1$ 次，如果移动一次需要一秒的话，需要 500 亿年。

解决汉诺塔问题的算法如下：

```c
void Hanoi (int n, char A, char B, char C )
{
    if(n==1)   printf("move:%c->%c\n",A,B);
    else
    {
        Hanoi ( n-1, A, C, B );
        printf("move:%c->%c",A,C);
        Hanoi ( n-1, B, A, C );
    }
}
```

【程序 7.9】 斐波那契数计算的递归程序。

```c
/*********************************************************
程序设计方法：      递归法
问题描述：       斐波那契数计算
*********************************************************/
long Fiboacci(int n);
main()
{   int n;
    printf("Please inout n =");
    scanf("%d", &n);
    printf("The solution is: %ld\n", Fiboacci(n));
}
long Fiboacci(int n)
{   if(n == 0)        /*初值处理*/
        return 1;
    else  if(n == 1)   /*初值处理*/
        return 1;
    else
        return (Fiboacci(n-2)+Fiboacci(n-1));
                /*分解问题，递推求解，求和回归*/
}
```

【**程序 7.10**】　求两个整数 M 和 N 的最大公约数和最小公倍数。

```
/*******************************************************
程序设计方法：递归
*******************************************************/
int GetComDivisor(int m, int n);
void main()
{    int m, n;
     int big,small;
     printf("Please input m,n:");
     scanf("%d,%d", &m,&n);
     big=GetComDivisor(m,n);
     printf("The biggest common divisor is: %d\n",big );
     printf("The smallest common multiple is: %d\n", (m*n)/big);
}

/*************************************************
函数说明  GetComDivisor()
功能说明：求两个整数 m、m 的最大公约数
参数说明：两任意整数 m、n
返回值：m、n 的最大公约数
算法说明：
假定 r 为 m、n 的最大公约数，k 是 m 除以 n 的余数，则存在整数 a,使 m = a * n + k。
情况 1：若 k = 0, 显然 m、n 的最大公约数是 n。
情况 2：若 k != 0, 由于 m % r = 0，所以有：
(a * n + k) % r = (a * n) % r + k % r = 0 。
由于 n % r = 0, 因此(a * n) % r = 0, 则必有 k % r = 0,
由 n % r = 0,k % r = 0 可以说明 r 为 n、k 的最大公约数。
所以求 m、n 的最大公约数的问题转化为求 n、k 的最大公约数问题。
*************************************************/
int GetComDivisor(int m, int n)
{    int k;
     k = m % n;
     if(k == 0)
          return n;
     else
          return GetComDivisor(n, k);
                    /*转化为新的小问题*/

}
```

【**程序 7.11**】　利用递归算法，将所输入的 n 个字符以相反顺序打印出来。

```
/**********************************************************
程序设计方法：递归法
问题描述：输入 n 个字符，按相反顺序打印
说明：本程序只解决输入 5 个字符的问题
**********************************************************/
#include "stdio.h"
void palin(int n);

main()
{    palin(5); }

void palin(int n)
{     char next;
      if(n<=1)
      {      next=getchar();
             printf("\n\0:");
             putchar(next);
      }
      else
      {      next=getchar();
             palin(n-1);
             putchar(next);
      }
}
```

7.6 分 治 法

1. 分治法的基本思想

任何一个可以用计算机求解的问题所需的计算时间都与其规模有关。问题的规模越小，越容易直接求解，解题所需的计算时间也越少。例如，对于 n 个元素的排序问题，当 n = 1时，不需任何计算；n = 2 时，只要作一次比较即可排好序；n = 3 时只要作 3 次比较即可……而当 n 较大时，问题就不那么容易处理了。要想直接解决一个规模较大的问题，有时是相当困难的。

分治法的设计思想是，将一个难以直接解决的大问题，分割成一些规模较小的相同问题，以便各个击破，分而治之。

如果原问题可分割成 k 个子问题，1<k≤n，且这些子问题都可解，并可利用这些子问题的解求出原问题的解，那么分治法就是可行的。由分治法产生的子问题往往是原问题的较小模式，这就为使用递归技术提供了方便。在这种情况下，反复应用分治手段，可以使子问题与原问题类型一致而其规模却不断缩小，最终使子问题缩小到很容易直接求出其解。这自然导致递归过程的产生。分治与递归像一对孪生兄弟，经常同时应用在算法设计之中，

并由此产生许多高效算法。

2. 分治法的适用条件

分治法所能解决的问题一般具有以下几个特征：

(1) 该问题的规模缩小到一定的程度就可以容易地解决。

(2) 该问题可以分解为若干个规模较小的相同问题，即该问题具有最优子结构性质。

(3) 利用该问题分解出的子问题的解可以合并为该问题的解。

(4) 该问题所分解出的各个子问题是相互独立的，即子问题之间不包含公共的子子问题。

上述的第一条特征是绝大多数问题都可以满足的，因为问题的计算复杂性一般是随着问题规模的增加而增加的；第二条特征是应用分治法的前提，它也是大多数问题可以满足的，此特征反映了递归思想的应用；第三条特征是关键，能否利用分治法完全取决于问题是否具有第三条特征，如果具备了第一条和第二条特征，而不具备第三条特征，则可以考虑贪心法或动态规划法；第四条特征涉及到分治法的效率，如果各子问题是不独立的，则分治法要做许多不必要的工作，重复地解公共的子问题，此时虽然可用分治法，但一般用动态规划法更好。

3. 分治法的基本步骤

分治法在每一层递归上都有三个步骤：

(1) 分解：将原问题分解为若干个规模较小、相互独立、与原问题形式相同的子问题。

(2) 解决：若子问题规模较小而容易被解决则直接解，否则递归地解各个子问题。

(3) 合并：将各个子问题的解合并为原问题的解。

根据分治法的分割原则，原问题应该分为多少个子问题才较适宜？各个子问题的规模应该怎样才为适当？这些问题很难予以准确的回答。但人们从大量实践中发现，在用分治法设计算法时，最好使子问题的规模大致相同。换句话说，将一个问题分成大小相等的 k 个子问题的处理方法是行之有效的。许多问题可以取 k = 2。这种使子问题规模大致相等的做法是出自一种平衡(balancing)子问题的思想，它几乎总是比子问题规模不等的做法要好。

分治法的合并步骤是算法的关键所在。有些问题的合并方法比较明显，有些问题的合并方法比较复杂，究竟应该怎样合并，没有统一的模式，需要具体问题具体分析。

【程序 7.12】 设有 n 个选手的循环比赛。其中 n = 2m，要求每名选手要与其他 n−1 名选手都赛一次。每名选手每天比赛一次，循环赛共进行 n−1 天。要求每天没有选手轮空。请写出赛程表。

这里给出一个 8 × 8 的例子，如图 7.5 所示。

选手	1	2	3	4	5	6	7(天)
1	2	3	4	5	6	7	8
2	1	4	3	6	5	8	7
3	4	1	2	7	8	5	6
4	3	2	1	8	7	6	5
5	6	7	8	1	2	3	4
6	5	8	7	2	1	4	3
7	8	5	6	3	4	1	2
8	7	6	5	4	3	2	1

图 7.5 八选手方案

图中第 i 行的第 2 列到第 N－1 列的各数表示第 i 个选手在第 1 天到第 N－1 天的对手。

分析：将 $2k \times 2k$ 矩阵分成四块，每块是 $2(k-1) \times 2(k-1)$ 的矩阵，它应是对称的(如图 7.6 所示)：A 与 A；B 与 B。然后将 A 与 B(均是 $2(k-1) \times 2(k-1)$ 的矩阵)分成四块，直至 2×2 的矩阵。此时定出每个元素的值，再按对称关系构造成赛程表。

```
            A        B

            B        A
```

图 7.6　赛程表分治法

```
/*****************************************

程序设计方法：分治法
问题描述：    赛程表
*****************************************/
#define    N    64
#include <math.h>


int contesttab(int *solu, int k, int maxx);
main()
{     int solu[N][N], x, y, maxx, maxy, k;
      printf("指定 n(=2 的 k 次幂)为选手。输入  k  值:\n");
      scanf("%d", &k);
      maxx = N;
      maxy = contesttab(solu, k, maxx);
      printf("选手|日期");
      for(x =1; x <= maxy; x++) /*输出天*/
          printf("%3d |", x);
      printf("\n");
      for(x =0; x < maxy; x++)
          printf("_____");
      printf("\n");
      for(y =0; y < maxy; y++)
      {
          for(x =0; x < maxy; x++)
              if(x == 0)
                  printf("%12d |", solu[y][x]);
              else
                  printf("%3d    ", solu[y][x]);
          printf("\n");
      }
}
```

```
/*****************************************
函数说明:
1. 参数说明
    1) solu : 解数组;
    2) k    : 指数;
    3) maxx : 数组的列数。
2. 功能: 得到载有结果的数组, 并返回参赛人员总数。
3. 算法说明:
以小问题的解决为基础, 按照对称的思想构造大问题的解。
        A | B
        -------
        B | A
*****************************************/
int contesttab(int *solu, int k, int maxx)
{    int   halfNum, Num,  x, y, m;
    /*赋初值*/
*(solu + 0* maxx + 0) = 1;
*(solu + 0* maxx + 1) = 2;
*(solu + 1* maxx + 0) = 2;
*(solu + 1* maxx + 1) = 1;
m = 1;
halfNum =1;
while(m < k){
    m ++;
    halfNum *= 2;
    Num = halfNum * 2;
    /* 填写日程表的左下角: 根据左上角生成左下角 */
    for(y = halfNum; y < Num; y ++)
        for(x = 0; x < halfNum; x ++)
            *(solu + y* maxx + x) =
                *(solu + (y - halfNum)*maxx + x) + halfNum;


    /*填写日程表的右上角: 将左下角搬到右上角*/
    for(y = 0; y < halfNum; y ++)
        for(x = halfNum; x < Num; x ++)
            *(solu + y* maxx + x) =
                *(solu + (y + halfNum)*maxx + x - halfNum);


    /*填写日程表的右下角: 将左上角搬到右下角*/
    for(y = halfNum; y < Num; y ++)
```

```
            for(x = halfNum; x <Num; x ++)
                *(solu + y* maxx + x) =
                            *(solu + (y - halfNum)*maxx + x - halfNum);
        }
    return Num;
    }
```

二分法是运用分治策略的典型例子。给定已排好序的 n 个元素，放在数组 a 中，现要在这 n 个元素中找出一个特定的元素 x。首先能想到的方法是逐个与数组 a 中的 n 个元素比较，搜索完后确定 x 是否在其中。该方法没有很好地利用 n 个元素已排好序这个条件，因此在最坏情况下，需要比较 n 次。

二分法充分利用了元素间的次序关系，其基本思想是：将 n 个元素分成个数大致相同的两半，取 a[n/2]与 x 比较，如果 x=a[n/2]，则找到，算法中止；如果 x<a[n/2]，则只要在数组的左半段继续搜索；如果 x>a[n/2]，则只要在数组的右半段继续搜索。具体为：

```
    int BinSrchint a[], int x)
    {
        low=0;   high=n-1;                   /*置区间初值*/
        while(low<=high)
        {
            mid=(low+high)/2;
             if   (x==a[mid])   return mid;     /*找到待查元素*/
             else   if (x<a[mid])     high=mid-1;   /*继续在左半区间进行查找*/
             else   low=mid+1;                 /*继续在右半区间进行查找*/
        }
        return -1;
    }
```

【程序 7.13】 求 n 个数值 a1，a2，a3，…，an 中的最大值和最小值。

分析：如果该 n 个数值按递增顺序排列，则可以考虑用分治法的策略来解决问题。若 n = 1，max = min = a1；如果 n = 2 且 a1>a2，则 max = a1，min = a2，否则 max = a2，min = a1。如果 n>2，则将它们分成两组，若组内元素等于 2，就用上面的办法，否则再分组，最后合并。

```
    int a[7]={1,6,7,-3,5,9,2};
    /*****************************************
    i 表示起始下标，j 表示终止下标
    max 和 min 中分别存放数组中从 i 到 j 的最大和最小值
    *****************************************/
    void maxmin(int i,int j,int *max,int *min)
    {    int lmax,lmin,rmax,rmin,mid;
        if (i==j)
        {*max=a[i];    *min=a[j]; }
        else if (i==j-1)
```

```
            if (a[i]<a[j])
        {     *max=a[j];    *min=a[i]; }
            else
        {     *max=a[i];    *min=a[j]; }
            else
        {     mid=(int)((i+j)/2);
            /*分治求解数组前半段的最大、最小值*/
            maxmin(i,mid,&lmax,&lmin);
            /*分治求解数组后半段的最大、最小值*/
             maxmin(mid+1,j,&rmax,&rmin);

             if (lmax<rmax)      *max=rmax;    /*开始合并结果*/
             else        *max=lmax;

            if (lmin<rmin)      *min=lmin;
            else        *min=rmin;
        }
    }

    main()
    {
        int mmax,mmin;
        maxmin(0,6,&mmax,&mmin);
        clrscr();
        printf("max=%d\n",mmax);
        printf("min=%d",mmin);
    }
```

二分法也可以用来求方程的近似根。

设 f(x)是单调函数。首先，任取两点 x1 和 x2，判断(x1，x2)区间内有无一个实根。如果开始时选的 x1、x2 不合适，f(x1)与 f(x2)同号，说明(x1，x2)间无实根，需要重选 x1、x2，直到 f(x1)与 f(x2)不同符号为止。如果 f(x1)和 f(x2)符号相反，说明(x1,x2)之间有一个实根。然后，取(x1，x2)的中点 x，检查 f(x)与 f(x1)是否同符号，如果不同号，说明实根在(x1，x)区间，这样就已经将寻找根的范围缩小了一半。用同样的办法再进一步缩小范围。再找 x1 与 x2(x2 = x)的中点"x"，并且再舍弃其一半区间。如果 f(x)与 f(x1)同号，则说明根在(x，x2)区间，再取 x 与 x2 的中点，并舍弃其一半区间。用这个办法不断缩小范围，直到区间相当小为止。

【程序 7.14】 二分法求方程 $2x^3 - 4x^2 + 3x - 6 = 0$ 的根。

```
#include "math.h"
main()
```

```
{     float xm,x1,x2,fxm,fx1,fx2;
      do{
            printf("\nInput the interval :") ;
            scanf("%f,%f",&x1,&x2);
            fx1=2*x1*x1*x1-4*x1*x1+3*x1-6;
            fx2=2*x2*x2*x2-4*x2*x2+3*x2-6;
      }while(fx1*fx2>0);

      do{
            xm=(x1+x2)/2;
            fxm=2*xm*xm*xm-4*xm*xm+3*xm-6;
            if(fxm*fx1<0)
                 {    x2=xm;      fx2=fxm;   }
            else
                 {    x1=xm;      fx1=fxm;  }
      }while(fabs(fxm)>=1e-5);
      printf("gen is %6.2f\n",x0);
}
```

7.7 回 溯 法

　　回溯法是一种优选搜索方法。它按设置的优选条件向前搜索，以达到目标。若搜索到某一步时，发现当前选择并不优或达不到目标，就"退回一步"——回溯重新选择。这种走不通就退回再走的技术就是回溯法。而满足回溯条件的某个状态称为"回溯点"。用它可以系统地搜索一个问题的所有解或任一解。

　　因为搜索试探过程是由计算机完成的，所以对于搜索试探要避免重复和循环，即要对搜索过的点做标记。

　　【程序 7.15】 老鼠走迷宫问题。

　　分析：假设迷宫情况已经存入maze[m][n]中，若(i, j)位置上可以通过，则值为 0，否则为 1，如图 7.7 所示。对于迷宫中的每个点，按东、南、西、北顺序用试探法钻迷宫。

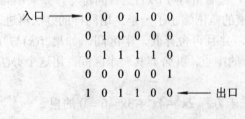

图 7.7 迷宫问题

```
#define m 5
#define n 6
int sf=0;
int maze[m][n]={{0,0,0,1,0,0},{0,1,0,0,0,0},{0,1,1,1,1,0},{0,0,0,0,0,1},{1,0,1,1,0,0}};

void search(int x,int y)
{
maze[x][y]=2;
 if((x==m-1) && (y==n-1))
      sf=1;
 else
   {if ( (sf!=1) && (y!=n-1) && maze[x][y+1]==0 )
     search(x,y+1);
    if ( (sf!=1) && (x!=m-1) && maze[x+1][y]==0 )
     search(x+1,y);
    if ( (sf!=1) && (y!=0) && maze[x][y-1]==0 )
     search(x,y-1);
    if ( (sf!=1) && (x!=0) && (maze[x-1][y]==0 )
     search(x-1,y);
    if(sf!=1)
     maze[x][y]=1;   /*回溯，标记该点为 1，避免下次再走到这儿*/
    }
  }
main()
 {  int i,j;
    clrscr();
    search(0,0);
    for(i=0;i<m;i++)
     {printf("\n");
      for(j=0;j<n;j++)
           printf("%d",maze[i][j]);
      }
 }
```

程序执行结果如下：
```
2   1   1   1   1   1
2   1   1   1   1   1
2   1   1   1   1   1
2   2   2   2   2   1
1   0   1   1   2   2
```

可以看出，最后将屏幕上所有值为 2 的点连接起来，就是老鼠走迷宫的路线。

【程序 7.16】 八皇后问题是一个古老而著名的问题，该问题是著名的数学家高斯 1850 年提出的：在 8×8 格的国际象棋盘上摆放八个皇后，使其不能互相攻击，即任意两个皇后都不能处于同一行、同一列或同一斜线上，问有多少种摆法？

```c
#include <stdio.h>
#include <conio.h>

int crosscheck(int , int) ;        /*检查对角线是否有冲突*/
int verticalcheck(int , int) ;     /*检查 4 个方向是否有冲突*/
int safe(int , int) ;              /*安全性检查*/
void print(int [][8]) ;            /*打印*/
void tryrow(int) ;                 /*排列 8 个皇后*/

static int q[8][8] ;
static cnt = 0 ;                   /*记录解的个数*/

void main()
{
    int i , j ;

    for(i = 0 ; i <= 7 ; i++)
        for(j = 0 ; j <= 7 ; j++)
            q[i][j] = 0 ;

    tryrow(0) ;                    /*从第 0 行开始*/

}

int crosscheck(int x , int y)
{
    int i , j ;

    i = x ;
    j = y ;

    while( (i > 0) && (j > 0) )
    {
        i -= 1 ;
        j -= 1 ;
```

```
            if(q[i][j])
                return 0 ;
        }

        i = x ;
        j = y ;

        while( (i < 7) && (j > 0) )
        {
            i += 1 ;
            j -= 1 ;

            if(q[i][j])
                return 0 ;
        }

        return 1 ;
    }

int verticalcheck(int x , int y)
{
        while(y > 0)
        {
            y -= 1 ;

            if(q[x][y])
                return 0 ;
        }

        return 1 ;
    }

int safe(int x , int y)
{
        return( crosscheck(x,y) && verticalcheck(x,y) ) ;
    }


void print(int a[8][8])
```

```
{
    int i , j ;

    clrscr() ;

    gotoxy(21, 4) ; printf("I-----------------------------I") ;
    gotoxy(21, 5) ; printf("I   I   I   I   I   I   I   I   I") ;
    gotoxy(21, 6) ; printf("I---+---+---+---+---+---+---+---I") ;
    gotoxy(21, 7) ; printf("I   I   I   I   I   I   I   I   I") ;
    gotoxy(21, 8) ; printf("I---+---+---+---+---+---+---+---I") ;
    gotoxy(21, 9) ; printf("I   I   I   I   I   I   I   I   I") ;
    gotoxy(21,10) ; printf("I---+---+---+---+---+---+---+---I") ;
    gotoxy(21,11) ; printf("I   I   I   I   I   I   I   I   I") ;
    gotoxy(21,12) ; printf("I---+---+---+---+---+---+---+---I") ;
    gotoxy(21,13) ; printf("I   I   I   I   I   I   I   I   I") ;
    gotoxy(21,14) ; printf("I---+---+---+---+---+---+---+---I") ;
    gotoxy(21,15) ; printf("I   I   I   I   I   I   I   I   I") ;
    gotoxy(21,16) ; printf("I---+---+---+---+---+---+---+---I") ;
    gotoxy(21,17) ; printf("I   I   I   I   I   I   I   I   I") ;
    gotoxy(21,18) ; printf("I---+---+---+---+---+---+---+---I") ;
    gotoxy(21,19) ; printf("I   I   I   I   I   I   I   I   I") ;
    gotoxy(21,20) ; printf("I-----------------------------I") ;

    for( i = 0 ; i <= 7 ; i++ )
        for( j = 0 ; j <= 7 ; j++ )
            if(a[i][j])
            {
                gotoxy(i * 4 + 23 , j * 2 + 5) ;
                printf("Q") ;
            }

    gotoxy(32,22) ;
    printf("count = %d", cnt) ;
}


void tryrow(int row)
{
    int column = 0 ; /*从第 row 行的第 column 列开始放*/
    do
```

```
    {
        if(safe(column , row))
        {
            q[column][row] = 1;

            if(row < 7)
                tryrow(row+1);    /*给下一行放皇后*/
            else
            {
                cnt +=1;
                print(q);

                if(getch() == 0)
                {
                    getch();
                    clrscr();
                    exit(0);
                }
            }

            q[column][row] = 0;   /*回溯*/
        }

        column += 1;              /*试着往下一列放*/
    }while(column < 8);
}
```

7.8 贪 婪 法

贪婪法是一种可以快速得到满意解(但不一定是最优解)的方法。该方法的"贪婪性"反映在对当前情况总是作最大限度的选择,即总是做出在当前看来是最好的选择。也就是说,贪婪法并不从整体最优上加以考虑,它所做出的选择只是某种意义上的局部最优选择。它把满足条件的都选入,然后分别展开,最后选得一个问题的解。这种方法并不考虑回溯,也不考虑某次选择是否符合优选条件,但最终能得到一满意结果。而且对范围相当广的许多问题能产生整体最优解。

【程序 7.17】 装箱问题。有编号为 1~n 的物品,各物品的体积已知。将其装入体积均为 V 的箱子里。所用箱子要多少?

　　分析：可以构造一个箱子数组 box，数组中的每个元素代表一个箱子，每个元素还有两个域：used，记录已装入此箱子的货物容量，remain，记录此箱子剩下的空间。使用贪婪法装箱的思路是：

(1) 不一定求得到最优解。

(2) 以箱子为基准，每次扫描所有箱子，若哪个空间足够则装入，否则继续扫描下一个箱子，直到货物装入为止。

```c
#include <stdio.h>
#define MAX 100        /*最大数组容量*/
#define Vol 10         /*每个箱子的容量*/

typedef struct
{
    double used;       /*已装入的容量*/
    double remain;     /*箱子剩下的容量*/
} BOX;

void Load(BOX *box,double *goods,int n);

int main(void)
{
    int i;             /*Just a counter.*/
    int n=13;          /*货物个数*/

    static BOX box[MAX];
    static double goods[MAX];

    /*初始化货物*/
    goods[1] = 2;goods[2] = 3;
    goods[3] = 2;goods[4] = 1;
    goods[5] = 9;goods[6] = 4;
    goods[7] = 7;goods[8] = 6;
    goods[9] = 7;goods[10] = 1;
    goods[11] = 2;goods[12] = 8;
    goods[13] = 3;

    for(i=1;i<MAX;i++)
        box[i].remain = Vol;   /*设置箱子初始为空*/
```

```
              Load(box,goods,n);      /*装箱*/

          for(i=1;i<MAX;i++)          /*计算用了几个箱子*/
              if(box[i].used == 0)break;

          printf("The total number of boxes that are used is:%d\n",i-1);
          return 0;
      }

      void Load(BOX *box,double *goods,int n)
      {
          int i,j;

              for(i=1;i<=n;i++)
          {
              for(j=1;j<MAX;j++)
              {
                  /*若箱子剩余空间够装*/
                  if(box[j].remain >= goods[i])
                  {    box[j].used += goods[i];
                       box[j].remain -= goods[i];
                       printf("goods %d(%lgV) is put into box %d\n",i,goods[i],j);
                       break;
                  }
              }
          }
      }
```

【程序 7.18】 背包问题。

假定有 n 个物体和一个背包，物体 i 的重量为 W_i，价值为 P_i，而背包的载重能力为 M。若将物体 i 的 X_i 部分（$1 \leqslant i \leqslant n$，$0 \leqslant X_i \leqslant 1$）装入背包中，则有价值 $P_i X_i$，应怎样选择各种物体，使背包里所放的物体总价值最高。

分析：本题要求最优解，则必须选择合适的贪婪策略，使得满意解就是最优解。本题即要求在 $\sum_{i=1}^{n} W_i X_i \leqslant M$ 的前提下，使得目标函数 $\sum_{i=1}^{n} P_i X_i$ 最大。我们以下举出三种贪婪策略，来说明最后的结果。

设 n = 3，M = 20，P1、P2、P3 分别为 25、24、15，W_1、W_2、W_3 分别为 18、15、10，则三种贪婪策略对应的各种数据如表 7.2 所示。

表 7.2　三种贪婪策略对应的数据

贪 婪 策 略	P1，P2，P3	$\sum\limits_{i=1}^{n} W_i X_i$	$\sum\limits_{i=1}^{n} P_i X_i$
尽量选取价值大的物品	1，2/15，0	20	28.2
尽量选取重量轻的物品	0，2/3，1	20	31
尽量选取单位重量价值 最高的物品	0，1，1/2	20	31.5

结论：可以看出，第三种贪婪策略最好，此时求得的解即是最优解。

习　题　7

1. 根据图 7.8 所示的算法流程图，编制程序。

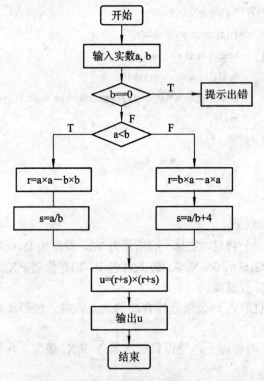

图 7.8　算法流程图

2. 用穷举搜索法解下列问题。

(1) 以不同的字母代表不同的一位数字(0~9)，有如下等式成立：

$$a + bc + def = ghij$$

求满足上述条件的所有等式。

(2) 找出 n 个自然数(1，2，…，n)中 r 个数的组合方法中，组合数之和为 N 的组合。如：6 个数中取 3 个数的组合中，(4，1，1)、(3，2，1)、(2，2，2)就是满足条件的组合。

(3) 有这样的一些三位数，这些数等于它各位数的立方和。例如：

$$153 = 1^3 + 5^3 + 3^3$$

求这些数。

3. 用递推法解求两个整数 M、N 的最大公约数。

4. 用递归法解下列问题：

(1) hanoi 塔问题。

(2) 在 N 个数中找出小于 0 的最大数。

(3) 赛程表问题。

5. 用回溯法解下列问题：

(1) 马的遍历问题：在 8×8 的方格棋盘上，从任意方格出发，为马找一条走遍每一格且只走一次的路径。

(2) 已知有一批物品共 N 个，不发生化学反应的可放在一个仓库。求一种放物品的方法，可以用最少的仓库。

(3) 素数环问题：把 1～20 这 20 个数摆成一个环，要求相邻的两个数的和是一个素数。

实　验　7

1. 用贪婪法求解马的遍历问题。在 8×8 的方格棋盘上，从任意方格出发，为马找一条走遍每一格且只走一次的路径。

2. 用分治法解决大整数乘法运算。在某些情况下，我们要处理很大的整数，但它无法在计算机硬件能直接表示的范围内进行处理。若用浮点数来表示它，则只能近似地表示它的大小，计算结果中的有效数字也受到限制。若要精确地表示大整数并在计算结果中要求精确地得到所有位数上的数字，就必须用软件的方法来实现。请设计一个有效的算法，可以进行两个 n 位大整数的乘法运算。

3. 填数字游戏：在 3×3 个方格的方阵中要填入数字 1 到 N(N≥10)内的某 9 个数字，每个方格填一个整数，使得所有相邻两个方格内的两个整数之和为质数。试求出所有满足这个要求的各种数字填法。

附录 A　如何写上机试验报告

做完实验后要写实验报告，这是整个实验过程的一个重要环节，也是培养科学作风的重要途径。实际上，实验报告是对整个实验的总结和提高，是从感性到理性的升华。因此，每做完一次实验，都要认真书写实验报告，千万不要把它看成是一种不必要的负担，更不能敷衍了事。通过写实验报告，还可以训练和提高你的写作能力。

在本书中，每一章都安排了多个实验题目，根据教学安排、进度、实验条件、可提供的机时、学生的基础等因素，可以选择其中的几个或全部。

针对"高级程序设计"课程的实验持点，建议在书写实验报告时应包括如下内容：

(1) 试验目的。实验作为教学的一个重要环节，其目的在于更深入地理解和掌握课程教学中的有关基本概念，应用基本技术解决实际问题，从而进一步提高分析问题和解决问题的能力。因此，当我们着手做一个实验的时候，必须明确实验的目的，以保证达到课程所指定的基本要求。在写实验报告时，要进一步确认是否达到了预期的目的。

(2) 实验内容。在实验报告中，实验内容是指本次实验中实际完成的内容。在每一个实验题目中，一般都提出了一些具体要求，其中有些具体要求是为了达到实验目的而提出的。因此，在实验内容中，不仅要写清楚具体的实验题目，还应包括具体要求。

(3) 算法与流程图。算法设计是程序设计过程中的一个重要步骤。在本书中，对于某些实验题目给出了方法说明，有的还提供了流程图，但有的没有给出流程图。如果在做实验的过程中，使用的算法或流程图和本书中给出的不一样，或者书中没有给出算法和流程图，则在实验报告中应给出较详细的算法说明与流程图，并对其中的主要符号与变量作相应的说明。

(4) 程序清单。程序设计的产品是程序，它应与算法或流程图一致。可以只写主要的程序清单或程序模块。

(5) 运行结果。程序运行结果一般是输出语句所输出的结果。对于不同的输入，其输出的结果是不同的。因此，在输出结果之前一般还应注明输入的数据，以便对输出结果进行分析和比较。

(6) 调试分析和体会。这是实验报告中最重要的一项，也是最容易忽视的一项。实验过程中大量的工作是程序调试，在调试过程中会遇到各种各样的问题，每解决一个问题就能积累一点经验，提高编程能力。因此，对实验的总结，最主要的是对程序调试经验的总结。调试分析包括对结果的分析。体会主要是指通过本次实验是否达到了实验目的，有哪些基本概念得到了澄清等。

附录 B　C 库文件及其说明

　　C 系统提供了丰富的系统文件，称为库文件。C 的库文件分为两类。一类是扩展名为"·h"的文件，称为头文件，在前面的包含命令中我们已多次使用过。在"·h"文件中包含了常量定义、类型定义、宏定义、函数原型以及各种编译选择设置等信息。另一类是函数库，包括了各种函数的目标代码，供用户在程序中调用。通常在程序中调用一个库函数时，要在调用之前包含该函数原型所在的"·h"文件。下面给出 Turbo C 的全部"·h"文件及其说明。

头文件	说　　　明
alloc.h	内存管理函数(分配、释放等)
assert.h	定义 assert 调试宏
bios.h	调用 IBM-PC ROM BIOS 子程序的各个函数
conio.h	调用 DOS 控制台 I/O 子程序的各个函数
ctype.h	包含有关字符分类及转换的各类信息(如 isalpha 和 toascii 等)
dir.h	包含有关目录和路径的结构、宏定义和函数
dos.h	定义和说明 MS-DOS 和 8086 调用的一些常量和函数
erron.h	定义错误代码的助记符
fcntl.h	定义在与 open 库子程序连接时的符号常量
float.h	包含有关浮点运算的一些参数和函数
graphics.h	有关图形功能的各个函数，图形错误代码的常量定义，针对的是不同驱动程序的各种颜色值及函数用到的一些特殊结构
io.h	包含低级 I/O 子程序的结构和说明
limit.h	包含各环境参数、编译时间限制、数的范围等信息
math.h	数学运算函数，还定义了 HUGE VAL 宏，说明了 matherr 和 matherr 子程序用到的特殊结构
mem.h	一些内存操作函数(其中大多数也在 string.h 中说明)
process.h	进程管理的各个函数，spawn…和 exec…函数的结构说明
setjmp.h	定义 longjmp 和 setjmp 函数用到的 jmp buf 类型，说明这两个函数

续表

头文件	说　　明
share.h	定义文件共享函数的参数
signal.h	定义 sig [ZZ(Z) [ZZ]]ign 和 sig[ZZ(Z)[ZZ]]dfl，说明 rajse 和 signal 两个函数
stdarg.h	定义读函数参数表的宏(如 vprintf,vscarf 函数)
stddef.h	定义一些公共数据类型和宏
stdio.h	定义 Kernighan 和 Ritchie 在 UNIX System V 中定义的标准及扩展的类型和宏，还定义标准 I/O 预定义流：stdin,stdout 和 stderr，说明 I/O 流子程序
stdlib.h	一些常用的子程序：转换子程序、搜索/排序子程序等
string.h	一些串操作和内存操作函数
sys\stat.h	定义在打开和创建文件时用到的一些符号常量
sys\types.h	ftime 函数和 timeb 结构
sys\time.h	定义时间的类型 time[ZZ(Z) [ZZ)]t
time.h	定义时间转换子程序 asctime、localtime 和 gmtime 的结构，ctime、difftime、gmtime、localtime 和 stime 用到的类型，并提供这些函数的原型
value.h	定义一些重要常量，包括依赖于机器硬件的和为与 UNIX System V 相兼容而说明的一些常量，包括浮点和双精度值的范围

附录 C 字符串库函数

很多编程语言为字符串提供了丰富的运算，包括复制、比较、合并、求子串等。C 语言通过函数也提供了一些字符串操作。这些函数都包含在头文件 string.h 中。下面列举常用的几种函数。

1. 复制函数

原型：

    void *memccpy(void *dest, void *src, unsigned char ch, unsigned int count);

功能：由 src 所指内存区域复制不多于 count 个字节到 dest 所指内存区域，如果遇到字符 ch 则停止复制。

说明：返回指向字符 ch 后的第一个字符的指针，如果 src 前 n 个字节中不存在 ch，则返回 NULL。ch 被复制。

原型：

    void *memmove(void *dest, const void *src, unsigned int count);

功能：由 src 所指内存区域复制 count 个字节到 dest 所指内存区域。

说明：src 和 dest 所指内存区域可以重叠，但复制后 src 内容会被更改。函数返回指向 dest 的指针。

原型：

    void *memcpy(void *dest, void *src, unsigned int count);

功能：由 src 所指内存区域复制 count 个字节到 dest 所指内存区域。

说明：src 和 dest 所指内存区域不能重叠，函数返回指向 dest 的指针。

原型：

    extern char *strcpy(char *dest,char *src);

功能：把 src 所指由 NULL 结束的字符串复制到 dest 所指的数组中。

说明：src 和 dest 所指内存区域不可以重叠且 dest 必须有足够的空间来容纳 src 的字符串。返回指向 dest 的指针。

原型：

    char *stpcpy(char *dest,char *src);

功能：把 src 所指由 NULL 结束的字符串复制到 dest 所指的数组中。

说明：src 和 dest 所指内存区域不可以重叠且 dest 必须有足够的空间来容纳 src 的字符串。返回指向 dest 结尾处字符(NULL)的指针。

原型：

    char * strncpy(char * dest,char * src,size_t n);

功能：将字符串 src 中最多 n 个字符复制到字符数组 dest 中，返回指向 dest 的指针。注意：如果源串长度大于 n，则 strncpy 不复制最后的'\0'结束符，所以是不安全的，复制完后需要手动添加字符串的结束符才行。

2. 连接函数

原型：

```
char *strcat(char *dest,char *src);
```

功能：把 src 所指字符串添加到 dest 结尾处(覆盖 dest 结尾处的'\0')并添加'\0'。

说明：src 和 dest 所指内存区域不可以重叠且 dest 必须有足够的空间来容纳 src 的字符串。返回指向 dest 的指针。

原型：

```
char *strncat(char *dest,char *src,int n);
```

功能：把 src 所指字符串的前 n 个字符添加到 dest 结尾处(覆盖 dest 结尾处的'\0')并添加'\0'。

说明：src 和 dest 所指内存区域不可以重叠且 dest 必须有足够的空间来容纳 src 的字符串。返回指向 dest 的指针。

3. 比较函数

原型：

```
int memcmp(void *s1, void *s2, unsigned int count);
```

功能：比较内存区域 s1 和 s2 的前 count 个字节。

原型：

```
int strcmp(char *s1,char * s2);
```

功能：比较字符串 s1 和 s2。

原型：

```
int strncmp(char *s1,char * s2，int n);
```

功能：比较字符串 s1 和 s2 的前 n 个字符。

说明：

当 s1<s2 时，返回值<0;，

当 s1=s2 时，返回值=0;

当 s1>s2 时，返回值>0。

memcmp 一定会比较 count 个字符，哪怕 s1 和 s2 长度均小于 count；strncmp 比较 n 个字符，或者遇到其中一个结束为止。

4. 其他函数

原型：

```
void *memset(void *s, int c, size_t n);
```

功能：把 s 所指内存区域的前 n 个字节设置成字符 c。

说明：返回指向 s 的指针。

原型：

```
int strlen(char *s);
```

功能：计算字符串 s 的长度。

说明：返回 s 的长度，不包括结束符'\0'。

附录 D　图形适配器、模式的符号常数及数值

图形适配器		图形模式		色调	分辨率
符号常数	数值	符号常数	数值		
DETECT	0	用于硬件测试			
CGA	1	CGAC0	0	C0	320 × 200
		CGAC1	1	C1	320 × 200
		CGAC2	2	C2	320 × 200
		CGAC3	3	C3	320 × 200
		CGAHI	4	2色	640 × 200
MCGA	2	MCGAC0	0	C0	320 × 200
		MCGAC1	1	C1	320 × 200
		MCGAC2	2	C2	320 × 200
		MCGAC3	3	C3	320 × 200
		MCGAMED	4	2色	640 × 200
		MCGAHI	5	2色	640 × 480
EGA	3	EGALO	0	16色	640 × 200
		EGAHI	1	16色	640 × 350
EGA64	4	EGA64LO	0	16色	640 × 200
		EGA64HI	1	4色	640 × 350
EGAMON	5	EGAMONHI	0	2色	640 × 350
IBM8514	6	IBM8514LO	0	256色	640 × 480
		IBM8514HI	1	256色	1024 × 768
HERC	7	HERCMONOHI	0	2色	720 × 348
ATT400	8	ATT400C0	0	C0	320 × 200
		ATT400C1	1	C1	320 × 200
		ATT400C2	2	C2	320 × 200
		ATT400C3	3	C3	320 × 200
		ATT400MED	4	2色	320 × 200
		ATT400HI	5	2色	320 × 200
VGA	9	VGALO	0	16色	640 × 200
		VGAMED	1	16色	640 × 350
		VGAHI	2	16色	640 × 480
PC3270	10	PC3270HI	0	2色	720 × 350

附录 E　鼠标中断的完整功能描述

功能码	功　能	入 口 参 数	出 口 参 数
00H	初始化鼠标	AX=00H	AX=FFFFH 表示支持鼠标功能；AX=0000H 表示不支持鼠标功能；BX 的值表示鼠标按键的个数
01H	显示鼠标光标	AX=01H	无
02 H	隐藏鼠标光标	AX=02H	无
03 H	读取鼠标按键状态和鼠标位置	AX=03H	BX=各按键状态，第 0、1、2 位分别表示左、右、中键是否被按下，(值为 1 表示按下，值为 0 表示未按下)，其他为保留，供内部使用；CX=鼠标当前的 x 坐标；DX =鼠标当前的 y 坐标
04H	设置鼠标光标位置	AX=04H；CX=x 坐标；DX=y 坐标	无
05H	读取鼠标按键信息	AX=05H；BX=指定的按键，0 表示左键，1 表示右键，2 表示中键	AX=各按键状态，具体与功能 03H 中出口参数 BX 的说明相同；BX=按键次数；CX=x 坐标(最后一次)；DX=y 坐标(最后一次)
06H	读取鼠标按键释放信息	AX=06H；BX=指定的按键，0 表示左键，1 表示右键，2 表示中键	AX=各按键状态，具体同上；BX=释放的次数；CX=x 坐标(最后一次)；DX=y 坐标(最后一次)
07 H	设置鼠标水平位置	AX=07H；CX= x 坐标最小值；DX= x 坐标最大值	无，鼠标有可能因新区域变小而自动移进新区域内
08 H	设置鼠标垂直位置	AX=08H；CX=y 坐标最小值；DX=y 坐标最大值	无，鼠标有可能因新区域变小而自动移进新区域内
09 H	设置图形鼠标形状	AX=09H；BX=鼠标的水平位置；CX=鼠标的垂直位置；其余见注①	无
0AH	设置文本鼠标形状	AX=0AH；BX＝光标类型，具体见注②	无

续表一

功能码	功　能	入　口　参　数	出　口　参　数
0BH	读取鼠标移动方向和距离	AX=0BH	CX=水平移动距离，正数表示向右移，负数表示向左移；DX=垂直移动距离，正数表示向下移，负数表示向上移
0CH	设置中断程序掩码和地址	AX=0CH，其余见注③	无
0DH	允许光笔仿真	AX=0DH	无
0EH	关闭光笔仿真	AX=0EH	无
0FH	设置鼠标计数与像素比	AX=0FH；CX=水平比例；DX=垂直比例	无
10H	设置鼠标指针隐藏区域	AX=10H；CX=左上角 x 坐标；DX=左上角 y 坐标；SI=右下角 x 坐标；DI=右下角 y 坐标	无
13H	设置倍速的阈值，缺省值为 64	AX=13H；DX=阈值	无
14H	替换鼠标事件中断	AX=14H；CX=中断掩码；ES:DX=中断处理程序的地址	CX=旧的中断掩码；ES:DX=旧的中断处理程序地址
15H	读取鼠标驱动器状态的缓冲区大小	AX=15H	BX=存放鼠标驱动器状态所需缓冲区的大小
16H	存储鼠标驱动器状态	AX=16H；ES:DX=存储鼠标驱动器状态的地址	无
17H	重装鼠标驱动器状态	AX=17H；ES:DX=鼠标驱动器状态的地址	无
18H	为鼠标事件设置可选的处理程序	AX=18H；CX=替换中断掩码；ES:DX=替换中断处理程序的地址；CF=0	无
19H	读取替换处理程序的地址	AX=19H；CX=替换中断掩码	若 AX=-1 表示不成功，否则，ES:DX=中断处理程序的地址
1AH	设置鼠标的灵敏度，取值范围为 1～100	AX=1AH；BX=水平灵敏度(每 8 个像素鼠标需要移动的数量，一般为 8)；CX=垂直灵敏度(每 8 个像素鼠标需要移动的数量，一般为 16)；DX=倍速阈值	无

续表二

功能码	功　能	入　口　参　数	出　口　参　数
1BH	读取鼠标的灵 f1 敏度	AX=1BH	BX=水平灵敏度；CX=垂直灵敏度；DX=倍速阈值
1CH	设置鼠标中断速率	AX=1CH；BX=每秒钟中断的次数，0 表示关中断，1 表示 30 次/秒，2 表示 50 次/秒，3 表示 100 次/秒，4 表示 200 次/秒	无
1DH	为鼠标指针选择显示页	AX=1DH；BX=显示页	无
1EH	读取鼠标指针的显示页	AX=1EH	BX=显示页
1FH	禁止鼠标驱动程序	AX=1FH	若 AX=-1，表示不成功；否则，ES:BX=鼠标驱动程序的地址
20H	启动鼠标驱动程序	AX=20H	无
21H	鼠标驱动程序复位	AX=21H	若 AX=-1，表示不成功；否则，BX=2
22H	设置鼠标驱动程序信息语言	AX=22H；BX=语言代码，0 表示英语，1 表示法语，2 表示荷兰语，3 表示德语，4 表示瑞典语，5 表示芬兰语，6 表示西班牙语，7 表示葡萄牙语，8 表示意大利语	无
23H	读取语种	AX=23H	BX=语言代码
24H	读取鼠标信息	AX=24h	BH=主版本号；BL=辅版本号；CL=中断请求号；CH=鼠标类型，1 表示 Bus Mouse，2 表示 Serial Mouse，3 表示 InPortMouse，4 表示 PS/2 Mouse，5 表示 HP Mouse
25H	读取鼠标驱动程序信息	AX=25H	AX=鼠标驱动程序信息，详细内容见注④
26H	读取最大有效坐标	AX=26H	BX=鼠标驱动程序状态；CX=最大水平坐标；DX=最大垂直坐标

注：

① ES:DX = 16×16 位光标的映像地址，指向的存储单元内存放 16×16 点阵的位映像掩码，紧跟其后的是 16×16 点阵的光标掩码。

图形鼠标的显示方法是，位映像掩码与屏幕显示区的内容进行"逻辑与"，其结果再与光标掩码内容进行"异或"，最终结果即为鼠标形状。

② 当 BX = 0 时，CX 和 DX 的各位含义为：位 7～0 表示鼠标指针符号，位 10～8 表示字符前景色，位 11 表示亮度，位 14～12 表示字符背景色，位 15 表示闪烁。

当 BX = 1 时，CX = 光标的起始扫描线，DX = 光标的结束扫描线。

③ CX = 中断掩码，各位含义为：位 0 = 1 表示鼠标指针位置发生变化；位 1 = 1 表示按下左按键；位 2 = 1 表示释放左按键；位 3 = 1 表示按下右按键；位 4 = 1 表示释放右按键；位 5 = 1 表示按下中间按键；位 6 = 1 表示释放中间按键；位 7～15 = 0 作为保留位。

ES:DX = 中断处理程序的地址。在进入中断处理程序时，有关寄存器值的含义为：AX = 中断掩码；BX = 按键状态；CX = 鼠标指针的水平位置；DX = 鼠标指针的垂直位置；SI = 水平位置的变化量；DI = 垂直位置的变化量。

④ AX 各位含义为：位 15 = 0 表示驱动程序是 .SYS 文件，否则，为.COM 文件；位 14 = 0 表示不完全鼠标显示驱动程序，否则为完全的；位 13 和 12 为 00 表示软件文本光标，为 01 表示硬件文本光标，为 1x 表示图形光标；其余位为保留位。

参 考 文 献

[1]　王士元. C 高级实用程序设计. 北京：清华大学出版社，1996.

[2]　杨潮. C 语言程序设计及应用实例. 北京：电子工业出版社，1995.

[3]　李春葆，等. C 语言程序设计题典. 北京：清华大学出版社，2002.

[4]　林钧海，等. C 语言高级实用编程技巧. 北京：电子工业出版社，1995.

[5]　王为青，等. C 语言高级编程及实例剖析. 北京：人民邮电出版社，2007.

[6]　van der Linden Peter. C 专家编程. 徐波，译. 北京：人民邮电出版社，2008.

欢迎选购西安电子科技大学出版社教材类图书

欢迎来函索取本社书目和教材介绍! 通信地址: 西安市太白南路 2 号 西安电子科技大学出版社发行部
邮政编码: 710071 邮购业务电话: (029)88201467 传真电话: (029)88213675。